充填协同垮落式综采矿压控制理论与方法

殷伟　著

·北京·

内 容 提 要

本书在简要阐述协同综采技术原理和特征的基础上，系统介绍了协同综采生产系统布置、关键设备以及开采工艺。采用实验室测试、物理模拟、数值模拟、力学模型分析等多种手段相结合的研究方法，基于协同综采面特有的采空区部分充填部分垮落围岩结构特点，系统分析了充实率及充垮比因素对协同综采采场充填段、垮落段及过渡区域覆岩移动和矿压显现的影响规律；重点研究了协同综采面过渡区域覆岩结构及其高应力影响特征，揭示了协同综采面矿压控制机理。并结合典型试验矿井的基本条件，详细分析了协同综采技术在现场的方法应用与矿压控制工程实践，研究成果旨在拓展固体充填采煤技术应用范畴，丰富固体充填采煤矿压控制理论。

图书在版编目（CIP）数据

充填协同垮落式综采矿压控制理论与方法 / 殷伟著
. -- 北京 : 中国水利水电出版社, 2020.11
ISBN 978-7-5170-8976-6

Ⅰ. ①充… Ⅱ. ①殷… Ⅲ. ①煤矿－矿山压力－冲击地压－地压控制－研究 Ⅳ. ①TD324

中国版本图书馆CIP数据核字(2020)第207073号

书　名	**充填协同垮落式综采矿压控制理论与方法** CHONGTIAN XIETONG KUALUOSHI ZONGCAI KUANGYA KONGZHI LILUN YU FANGFA
作　者	殷伟　著
出版发行	中国水利水电出版社 （北京市海淀区玉渊潭南路1号D座　100038） 网址：www. waterpub. com. cn E-mail：sales@waterpub. com. cn 电话：(010) 68367658（营销中心）
经　售	北京科水图书销售中心（零售） 电话：(010) 88383994、63202643、68545874 全国各地新华书店和相关出版物销售网点
排　版	中国水利水电出版社微机排版中心
印　刷	清淞永业（天津）印刷有限公司
规　格	184mm×260mm　16开本　8.5印张　207千字
版　次	2020年11月第1版　2020年11月第1次印刷
定　价	**58.00**元

前言

PREFACE

“富煤、缺油、少气”的一次能源赋存特征，决定了我国煤炭的基础能源地位。虽然煤炭在一次能源消费中的比例逐年降低，但在相当长时期内，中国煤炭主体能源地位不会变化，煤炭依然是我国能源安全保障的基石。煤矿开采安全事故、矸石地面排放、采空区塌陷、矿区生态污染等一系列问题造成煤炭开采与人民生活关系紧张。如何从源头预防和减轻煤炭开采对环境的影响，实现煤炭资源安全、高效开采是新形势下煤炭行业面临的重大挑战。

作为绿色开采体系的核心，固体充填采煤技术因其在处理矸石废弃物、保护地面构筑物、控制地表沉陷及保护矿区生态环境等方面的技术优势在全国众多矿区得到了迅速推广。《能源发展战略行动计划 2014—2020》等一系列国家纲领性文件明确提出鼓励各地根据区域生态环境承载能力，因地制宜推广充填采煤绿色开采方法，极大地促进了充填采煤技术的进一步推广。

中国矿业大学固体充填采煤课题组针对传统全断面充填采煤面临的技术瓶颈，基于充填效率与产能双重技术要求，创新性提出了一种采空区局部充填采煤新方法，即充填协同垮落式综采技术。全书在简要阐述协同综采技术原理和特征的基础上，系统介绍了协同综采生产系统布置、关键设备及开采工艺。采用实验室测试、物理模拟、数值模拟、力学模型分析等多种手段相结合的研究方法，基于协同综采面特有的采空区部分充填部分垮落围岩结构特点，系统分析了充实率及充垮比因素对协同综采采场充填段、垮落段及过渡区域覆岩移动和矿压显现的影响规律；重点研究了协同综采面过渡区域覆岩结构及其高应力影响特征，揭示了协同综采面矿压控制机理，并结合典型试验矿井的基本条件，详细分析了协同综采技术在现场的方法应用与矿压控制工程实践，研究成果旨在拓展固体充填采煤技术应用范畴，丰富固体充填采煤矿压控制理论。

本专著研究获得国家自然科学基金青年项目（51904110）、江苏省高校自然科学研究面上项目（18KJB440004）和江苏省产学研合作项目（BY2019055）的资助与支持，在此表示感谢！

至此，对所有为本书提供帮助和支持的专家、学者以及平煤十二矿现场工作人员们表示由衷的感谢！

由于著者水平有限，书中难免会有疏漏或欠妥之处，恳请读者批评指正。

著者

2020年6月

目录
CONTENTS

第1章 绪 论

1.1 传统垮落法开采及其岩层控制

当今中国，绿色能源、可再生能源的概念已深入人心，发展绿色可再生能源已成为社会追求的一种时尚。但“富煤、缺油、少气”的一次能源赋存条件决定了我国煤炭基础能源地位[1]，中国仍然将是全球最大的煤炭市场。《国家发展改革委 国家能源局关于印发能源发展“十三五”规划的通知》明确指出，我国2020年煤炭产能仍然高达39亿t。相关统计数据显示，到2030年中国煤炭消费仍会占一次能源消费总量的55%以上，2035年将消费几乎全球煤炭供应量的一半。由此可见，中国煤炭能源消耗主导地位短期内无法动摇。

在地下矿产资源的开采过程中，煤层开挖形成煤矿特有的采空区，采空区上覆岩层自下而上发生移动、破坏，最终发展至地表并导致地表沉陷，这种现象称为岩层移动，从而引起整个地层应力重新分布，导致岩层移动变形，正是因为这种层状分布特征，形成了煤矿开采中普遍存在的岩层运动规律。

研究成果表明，用传统的垮落法管理顶板时，采空区上覆岩层直至地表的整体移动破坏特征可分为“横三区”与“竖三带”，即沿工作面推进方向上覆岩层分别经历煤壁支撑影响区、离层区和重新压实区，由下向上岩层移动分为垮落带（冒落带）、裂缝带（断裂带）和弯曲下沉带，如图1.1所示。

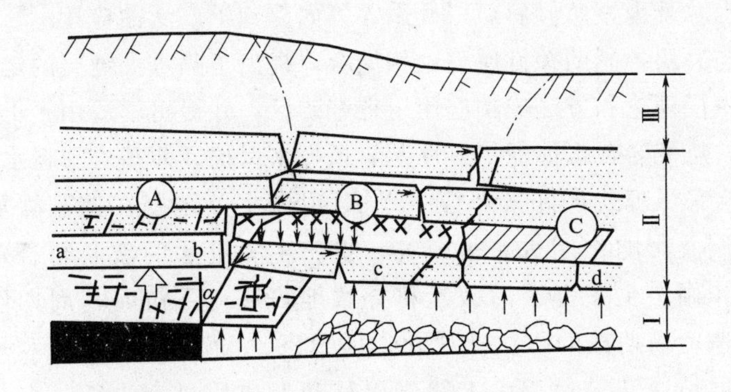

图1.1 上覆岩层移动的“横三区”与“竖三带”

A—煤壁支撑影响区（a-b）；B—离层区（b-c）；C—重新压实区（c-d）

α—支撑影响角；Ⅰ—垮落带；Ⅱ—裂缝带；Ⅲ—弯曲下沉带

煤层开采后形成的采空区引起岩体向采空区内移动的结果，在整个岩层移动破坏过程中，造成了煤矿采动损害及相关的安全问题，主要包括形成矿山压力、形成采动裂隙和引发地表沉陷等。矿山压力是由于矿山开采活动的影响，在巷硐周围岩体中形成的和作用在巷硐支护物上的力，而在这种力的作用下引起的如岩体变形、破坏、塌落及支护物变形、破坏、折损等动力现象称为矿山压力显现，它将引起采场和巷道顶板的下沉、垮落和来压，甚至引发冲击地压等灾害，已占据我国煤矿安全事故的首位，特别是随着开采深度不断增大，煤矿冲击地压问题也日益严重。

岩层移动及矿山压力控制问题的研究由来已久，早在 19 世纪，采矿工作者就已经开始对开采过程中的岩层移动及矿山压力现象进行初步研究，到 19 世纪后期和 20 世纪初，相关学者开始用简单的力学原理对一些岩层移动及矿山压力显现现象进行了简单解释[3]，具代表性的是德国学者于 1928 年提出的压力拱假说，认为：在采空区上方，由于上覆岩层在自重作用下形成了一个相对平衡的自然“压力拱”，对回采工作面前后的应力分布规律及控顶范围内空间处于卸压范围作出了粗略的解释，但该学说并没有对“压力拱”的特征、覆岩移动破坏过程与规律以及支架与围岩的相互作用体系作进一步分析。

近年来，我国广大科技工作者在岩层移动和矿山压力及其控制方面进行了深入的研究，先后提出了砌体梁理论、连续梁理论、碎块体理论、关键层理论、结构关键层稳定性控制等许多理论及应用技术，为煤炭企业及社会创造了巨大的效益。

钱鸣高院士通过大量的研究，先后提出了采场上覆岩层活动规律中基本顶岩层破断的“砌体梁”结构力学模型，建立了“砌体梁”结构的“S－R”稳定条件，揭示了基本顶岩层“板”的“O－X”型破断规律；20 世纪末到 21 世纪初，钱鸣高、缪协兴等在岩层移动及采场矿压理论的基础上，将采场矿压砌体梁力学模型发展到岩层控制的结构关键层力学模型，提出了岩层控制的关键层理论，将对岩体活动全部或局部起决定性作用的岩层称为关键层，前者可称为岩层运动的主关键层，后者可称为亚关键层，研究了主关键层对地表沉陷的控制作用。

自岩层控制的关键层理论提出以来，短短十几年时间内，在矿山压力与岩层移动控制、开采沉陷、保水开采、急倾斜煤层开采等方面得到了广泛的应用[4-7]。缪协兴等[8-11]将岩体渗流理论与岩层控制的关键层理论相结合，提出了隔水关键层的定义、原理和判别准则，将隔水关键层理论和方法成功应用于神东矿区，并提出了适用于干旱半干旱矿区的重要水源地保护、烧变岩含水体保护、厚基岩顶板水保护、薄基岩顶板水储存及矿井水资源保护等 5 种保水采煤模式；许家林等[12-13]对覆岩主关键层在控制岩层移动与地表沉陷动态过程的控制及影响作用进行了研究，得出主关键层的破断与否对地表沉陷的动态过程起着控制作用，主关键层的破断将导致地表快速下沉，其周期性的破断规律将会引起地表下沉速度周期性的跳跃性变化；侯忠杰、黄庆享等[14-15]利用关键层理论对神东公司浅埋煤层长壁开采过程中上覆岩层移动及矿压显现进行了深入研究，指导了现场实践，也进一步完善了关键层理论。近年来，人们对此开展了大量研究，对垮落法采场上覆关键层活动和破断规律有了深入的认识，岩层移动及采场矿压控制理论及体系已经基本成熟。

1.2 固体充填采煤及其岩层控制

固体充填采煤技术[16-24]是近年来在中国不断推广和应用的主要煤炭绿色开采技术。该技术不仅在解放“三下”煤炭资源、控制地表沉陷方面具有显著的效果[25-26]，同时该技术可处理地表大量矸石固体废弃物、保护矿区生态环境。目前综合机械化固体充填采煤技术已在我国平顶山、济宁、淮北、皖北、开滦等矿区成功推广应用。

充填采煤是将井下或地面堆积的矸石、粉煤灰、砂石等物料充填入采空区，达到处理废弃物、控制岩层移动及地表沉陷等目的。根据充填量、充填位置、充填动力和充填材料等，可将充填采煤不同方法进行分类，具体分类结果如图 1.2 所示。

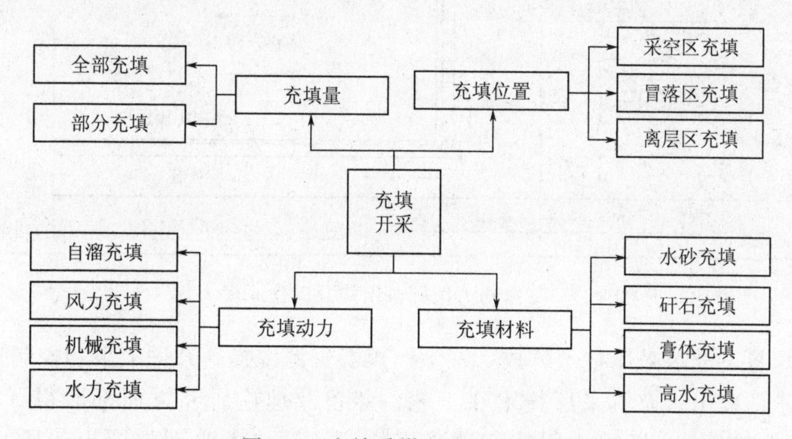

图 1.2　充填采煤方法分类框图

关于矿山充填开采技术的研究与应用已经有近百年的历史，人们最初实施充填开采的目的仅仅是处理矿山开采过程中产生的废石等固体废弃物，1915 年澳大利亚的塔斯马尼亚芒特莱尔和北莱尔矿将充填开采列入矿井生产计划，利用矿井排出的废石充填矿房[27]，成为最早有规划充填开采的矿井。近 60 年来，充填开采技术在国内外金属矿山与非金属矿山的研究与应用取得了长足的发展，先后经历了废弃物干式充填阶段[28-30]、水砂充填阶段[31-34]、细砂胶结充填阶段[35-37]和以高浓度充填、全尾矿胶结充填、膏体充填[38-40]、高水材料充填、固体废弃物直接充填等为代表的现代充填采矿阶段，取得了显著的经济和社会效益。尤其是固体充填采煤技术因其在矸石处理、“三下”煤炭资源解放和岩层控制等方面的优势得到了迅速的推广和应用。

固体充填采煤指采用矸石、粉煤灰、黄土和风积沙等固体充填物料或其混合体对煤炭开采的采空区进行充填。固体充填采煤技术随着不断解决矿井实际工程难题的需求，已逐步发展成熟。最初使用普采矸石充填（抛矸充填）[41]置换煤柱提出了矸石可回收利用的基础思路，普采矸石充填技术是固体充填采煤技术的初步尝试，该技术利用高速动力抛矸机将原生矸石以较快的冲击速度抛投至采空区，达到废弃矸石井下处理和岩层移动控制的目的。普采矸石充填技术的关键设备为高速动力抛矸机，普采矸石充填技术原理如图 1.3 所示，该技术曾在我国的邢台、新汶、兖州、枣庄等矿区先后推广应用。

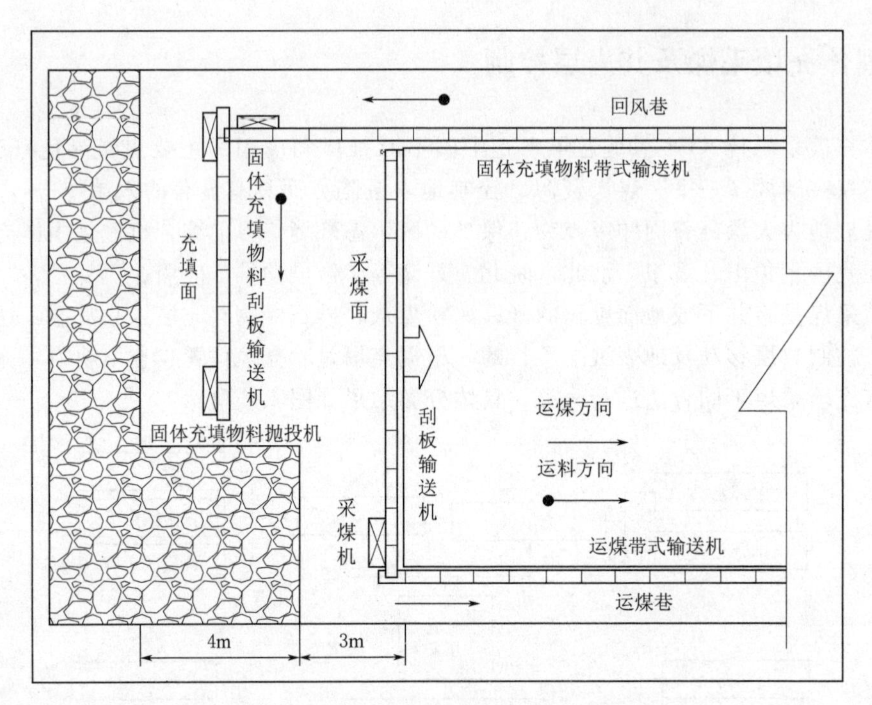

图 1.3　高速动力抛矸机结构及工作原理示意

随着新形势下充填采煤技术解放“三下”煤炭资源、提高开采上限和控制地表沉陷等重大工程需求的提出，充填采煤技术在工艺、装备及理论研究方面都取得了迅速发展，形成了十分成熟的综合机械化固体充填采煤技术，其技术原理如图 1.4 所示。该技术在同一工作面有效集成综采与充填工艺，实现了在同一充填采煤液压支架下采煤与充填并行作业，通过研发夯实装置，进一步保障了充填效果，实现了充填工艺的完全机械化，其核心设备为充填采煤液压支架与多孔底卸式输送机。技术的突破并不能完全解决矿井的工程难题，对产能的要求同样重要，由此导致固体充填材料需求量的增加。另外，随着对矿井绿色开采理念的进一步强调，无废生产以及矸石不落地等理念开始提上矿井议事日程。由此“采煤—选矸—充填—采煤”闭合循环的充填技术思路逐渐成形，即在原综合机械化固体充填采煤技术的基础上，进一步开发煤矿井下采选集成技术，使矸石不升井，常规固体充填采煤进一步升级为“采—选—充—采”一体化的矿井新型生产技术模式[42-43]，实现了井下原生态的矸石分选回填，“采—选—充—采”一体化技术示意如图 1.5 所示。

近年来，综合机械化固体充填采煤技术作为一种适应现代矿井绿色安全、高效要求的新型开采技术，成功地解决了矿井生产面临的“三下”资源开采、矸石废弃物处理利用以及控制地表沉陷等一系列重大工程难题。但是通过对我国众多矿区充填工作面过程应用调研发现，综合机械化固体充填采煤技术受设备、工艺和经济等因素的制约，在大规模推广应用的过程中同样面临一些经济和效益方面的困难。

针对常规全断面充填面临的技术困难、充填效率偏低和成本偏高的困境，以及充填开采目标的转变，我国学者以地表沉陷控制、降低充填成本、处理矸石和保护环境等为综合

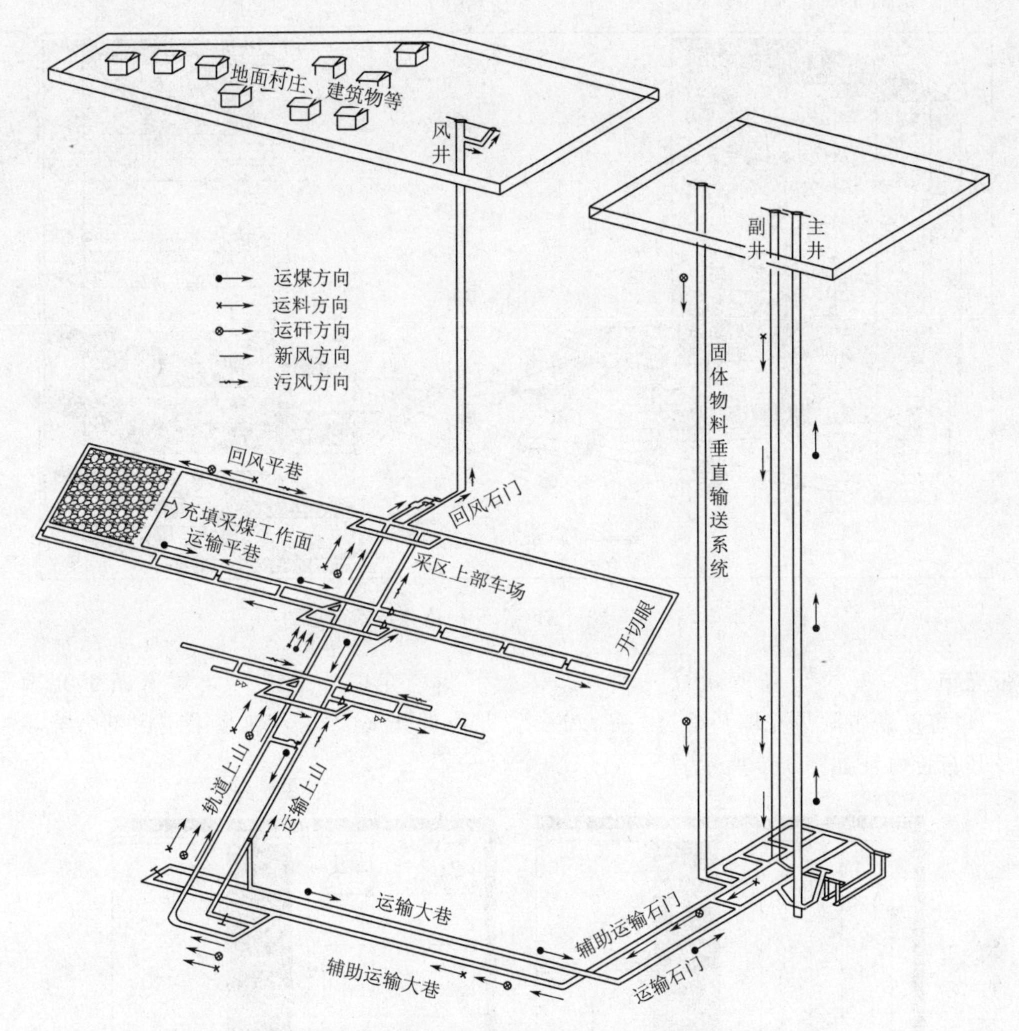

图 1.4　综合机械化固体充填采煤技术原理

目标，提出了煤矿部分充填开采技术[44-46]理念。部分充填开采是相对采空区传统全断面而言的，其充填量仅占开采空间的一部分，且充填位置不再局限于采空区，可以是采空区、冒落区或离层区。与传统全断面充填单一依靠采空区充填体控制覆岩不同，部分充填开采依靠覆岩关键层、充填体和部分煤柱联合控制地表沉陷。部分充填采煤技术自提出以来，在理论、技术与实践方面得到了迅速的发展。

长期开采实践经验表明，我国地层结构和煤层赋存情况复杂，开采过程中各种因素相互影响，覆岩冒落带特征和离层演化规律复杂多变，难以准确判断离层位置和出现时间，同时浆体充填材料注浆性能以及后期稳定性等因素均导致覆岩离层注浆和冒落带注浆充填技术工艺复杂，实际操作困难，技术和经济风险较大，很难取得理想充填和岩层控制效果。而采空区充填从技术层面则相对简单，大量的膏体条带充填和采空区矸石充填技术的成功实施更为采空区部分充填技术的理论研究提供了丰富的借鉴。采空区部分充填技术的发展极大拓展了充填采煤技术的应用范畴。目前煤矿采空区部分充填方法主要有长壁倾向

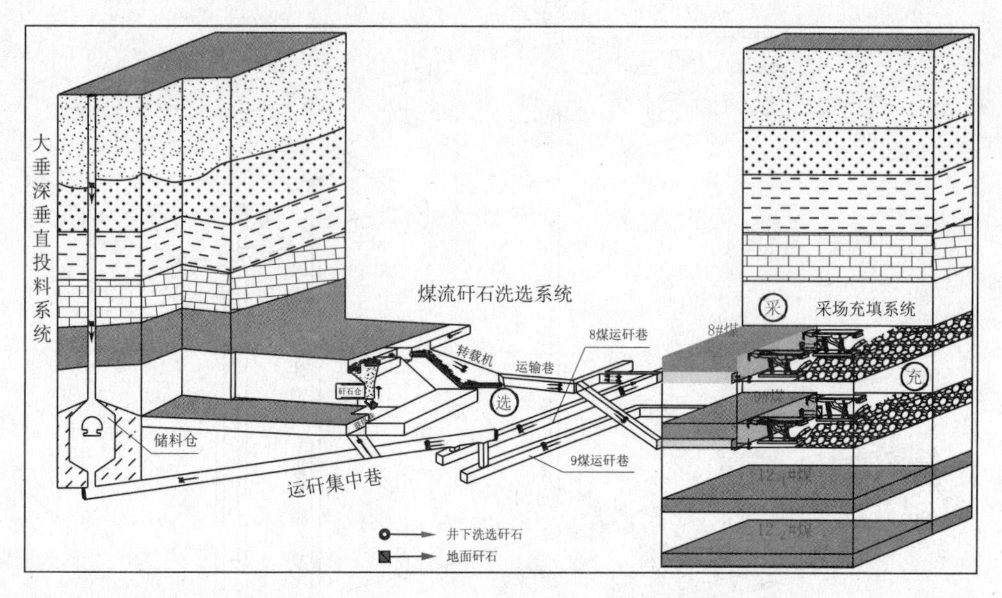

图 1.5 “采—选—充—采”一体化技术示意图

条带充填开采[47-49]、长壁墩柱充填开采、长壁掘巷充填开采[50-51]、短壁条带充填开采[52]、短壁条带间隔充填开采、“采—充—留”协调开采[53-54]，典型采空区部分充填方法及其布置特征如图 1.6 所示。

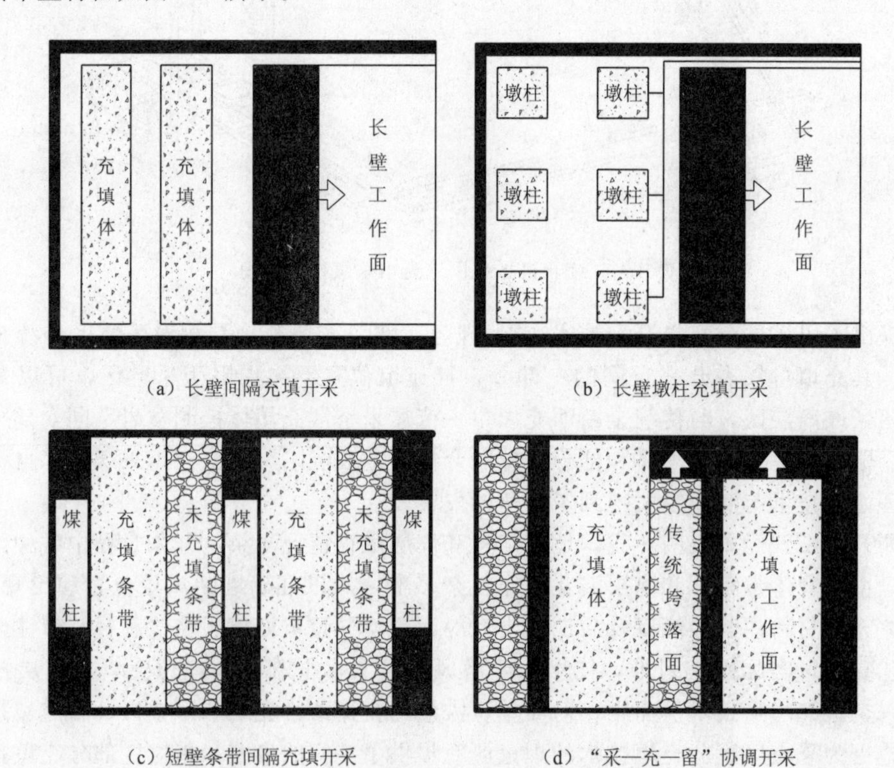

图 1.6 采空区部分充填方法及其布置特征

充填开采技术作为绿色开采的重要分支，有学者从绿色开采内涵与框架、采动岩体结构理论和渗流理论等方面系统地论述了其基础研究方面的主要进展[55-56]；综述了绿色开采技术的重要进展；论述了密实充填采煤的岩层控制理论，系统介绍了综合机械化固体充填采煤的主要系统、装备及工艺，以及在建筑群下、含水层区域和河堤下进行充填开采煤炭的工程实例。

相关学者开展了大量矸石直接充填开采矿压规律研究，研究了矸石颗粒的级配与充填体压实特性的影响[57-63]；采用物理模拟和数值计算的方法，分析了充填开采岩层移动变形过程及支承压力分布特征[64-66]，并对充填开采条件下覆岩破坏进行了分类，明确了充填开采岩层控制的关键在于控制直接顶及上位老顶的移动变形。通过理论计算和现场实测，对充填开采顶板变形破坏范围进行了研究，顶板裂隙破坏范围可按传统计算进行预测[67-68]。

中国矿业大学固体充填采煤课题组在充填材料[69-79]、充填设备[80-84]、充填材料运输[85-92]以及固体充填采煤岩层控制理论方面[93]做了很多研究工作，提出充填采煤岩层移动控制采用“等价采高”理论[94-96]，将固体充填开采视为“极薄煤层”开采，可用传统矿压理论与地表沉陷等方法分析固体充填开采中的矿压显现和地表沉陷规律。虽然“等价采高”概念可以指导充填采煤岩层移动控制，但其仅重点考虑采高这一因素，而围岩结构、工作面推进速度、开采深度等因素对矿山压力显现均具有不同程度的影响；工作面参数、巷道布置方向、开采深度、充填效果以及不同的充填体等因素对地表沉陷控制也具有不同的影响。因此，在充填采煤实践中，需要进一步完善“等价采高”概念，建立适合充填开采的岩层控制理论。

张吉雄教授运用弹性地基梁理论结合流变模型，研究关键层的弯曲变形及其下部岩层的流变特性，建立了关键层弯曲变形的时间相关特性方程，采用数值模拟方法研究了充填材料弹性模量对关键层弯曲下沉的影响规律；黄艳利博士[73]建立了固体密实充填条件下采场覆岩弹性薄板力学模型，建立了基本顶的挠度方程，分析了基本顶不发生破断的临界条件；李剑博士[97]建立了矸石充填采煤覆岩弹性地基叠层组合梁力学计算模型，得到该模型下上覆岩层的弯矩和挠度方程。充填开采后地表沉陷控制研究也与充填开采技术研究密不可分；周楠博士[98-99]通过深入分析顶板动力灾害发生的机理及充填体能量耗散特性，系统研究了充填体与坚硬顶板的相互作用关系，为固体充填防治坚硬顶板动力灾害提供了理论依据。张强博士[100]提出了散体充填材料力学特性曲线修正方法，建立了周期来压型顶板条件下充填体与充填采煤液压支架协同控顶的理论分析模型，提出了充填采煤液压支架设计方案优化的方法和充填体致密度工程控制方法。

陈绍杰等[101-103]以岱庄煤矿充填工作面为例，研究了条带煤柱充填开采覆岩时空结构模型及运动规律。张华兴等[104]研究了宽条带充填全柱开采地表沉陷的主控因素，采用数值模拟方法分析了充填率、充填体强度、隔离煤柱宽度对上覆岩层移动的影响，认为充填率是控制上覆岩层下沉的关键因素。余伟健等[105]分析了矸石充填整体置换“三下”煤柱引起的岩层移动与二次稳定理论，认为二次岩层移动是由矸石充填支撑体和承重岩层的共同压缩引起的，推导了“承重岩层＋矸石充填体”承载体的二次稳定条件、安全系数、极限状态下的软化区宽度以及承载核区宽度的解析式。张世雄等[106]分析了充填体压缩对地表建筑物的影响，认为充填用的江砂被压缩成致密的砂岩。郭忠平等[107]建立了充填体和上覆矩形薄板系统的力学模型，运用板壳理论和材料力学理论，给出了顶板最大下沉量计算公式。充填开采后地表沉陷控制研究也与充填开采技术研究密不可分，有学者[108]从沉陷学的角度分析了矸石压缩性能与粒径分布关系，推导了矸石充填相似模拟准则，提出了采用海绵等材料混合充填以模拟矸石的相似材料配置方法，分析了矸石非线性变形特征、模型参数对地表沉陷、覆岩破坏的影响，结合理论分析对沉陷控制影响因素、减沉、覆岩破坏高度的影响及控制幅度进行了界定，同时采用数值模拟及理论分析方法对关键层、充填体和煤柱之间的关系进行了研究，提出了煤柱、充填体承载特性的计算方法；也有学者[109-110]提出了采空区膏体充填法控制地表沉陷的空隙量守恒理论，阐释了采矿及充填活动造成地表下沉的原因，并提出膏体充填控制地表沉陷的主要技术途径。

1.3 混合工作面开采方法

我国的采煤方法和技术大体经历了手工开采、放炮开采、机器开采3个发展阶段。根据不同的采矿地质条件及技术装备水平，可以选择不同的采煤工艺[111-120]。我国煤矿目前综采、普采、炮采3种采煤工艺共存，其中综采运用最为广泛，普采、炮采因其特殊的适应性在矿井生产中也均有应用。

现有常见工作面类型主要有单一长壁采煤工作面（薄及中厚煤层）、大采高综采工作面（煤层厚度在3.5～5m）、综采放顶煤工作面、综合机械化固体充填工作面以及普采工作面、炮采工作面等。近年来，为了提高资源回收率，确保矿井安全高效生产，一些矿井尝试在同一工作面联合使用不同的开采方法，出现了一些混合开采工作面。我国现有采煤方法归类及其特征分析见表1.1。

表1.1 常用采煤方法及其特征

	工作面采煤工艺	体系	整层与分层	煤层开采高度	采空区处理	典型采煤工作面
传统单一采煤工艺	综采	壁式	整层	普通采高	垮落法	单一走向（倾斜）长壁工作面（综、普、炮采）
		柱式	分层	大采高	充填法	倾斜分层走向（倾斜）长壁下行垮落工作面（综、普、炮采）
				放顶煤	刀柱（煤柱支撑）	
	普采	壁式	整层	普通采高	垮落法	大采高一次采全厚综采（普采、炮采）工作面（综采为主）
		柱式	分层	大采高	充填法	
				放顶煤	刀柱（煤柱支撑）	
	炮采	壁式	整层	普通采高	垮落法	综采（普采、炮采）放顶煤长壁工作面（综采为主）
				大采高	充填法	固体充填综采（普采、炮采）工作面（综采为主）
		柱式	分层	放顶煤	刀柱（煤柱支撑）	水平分层、斜切分层下行垮落（炮采为主） 传统房柱式开采工作面（炮采为主）
混合开采	综采+综放	壁式	整层	普通采高	垮落法	综采综放混合开采工作面
	综采+炮采			大采高		炮、综联合回采工作面
	普采+炮采	柱式	分层	放顶煤	充填法	高档普采与炮采联合开采工作面

目前我国矿井工作面开采基本使用综采、普采或炮采单一采煤工艺，混合开采情况极少。煤矿地下开采过程中受煤层赋存条件的严格制约，采煤工作面出现煤层厚度变化大、工作面过大小断层多、工作面煤层夹矸等情况时，采用单一采煤工艺，有时可能会出现设备适应能力差、工作面单产单效低、工作面采出率低等一系列问题。为充分发挥各种采煤工艺的优势，根据不同的煤层赋存条件和煤矿实际情况，将不同采煤工艺进行恰当的“组合”应用，不仅可以充分发挥设备优势，还可以提高煤炭资源采出率。目前，我国已实践了少数混合开采技术，具体应用案例及其分析见表1.2。

表1.2　混合开采工作面案例分析

序号	混合方法	应用矿井	解决工程问题	支护方式	采空区处理方法	应用效果分析
1	普采与炮采	王家寨矿	工作面过断层	单体支柱＋金属铰接顶梁	垮落法	避免重新开切眼减少工作面搬家提高煤炭采出率
2	综采与炮采	桃园煤矿	回收不规则块段资源	综采段：支架 炮采段：单体支柱＋铰接顶梁		回收不规则块段资源；提高煤炭采出率
3	综采与综放	五阳煤矿	回收上分层遗留边角煤	综采段：综采支架 综放段：综放支架		回收上分层遗留煤，提高采出率
4	综采与充填	平煤十二矿	解决近全岩上保护层排矸	综采段：充填支架	部分充填	矸石不升井，减少工作面搬家、保护环境

徐钦标等[121]针对桃园煤矿1302工作面煤层走向方向变化大，导致综采面布置时回风巷与实际回采上限之间形成一个0～75m块断的情况，在综采段上方布置一个炮采工作面，形成一个综采与炮采联合开采工作面，研究了联合开采工作面顶板及运输机的管理技术，提出了较为合适的开采工艺，实现了工作面安全高效生产，同时提高了煤炭采出率。

谢进明、唐军华等[122-124]对综采综放混合开采技术的应用条件、开采工艺参数、设备配套情况、混合开采技术关键及混合开采工作面矿压规律等进行了研究，实践表明综采综放混合开采在一定条件下的厚煤层开采中能充分发挥综放及综采的优势，实现了生产的高产高效和煤炭资源的高回收率。

刘昆等[125]通过理论推导了计算，对综采综放混合开采技术所用的工作面采煤机、刮板输送机、液压支架等设备的选型和配套进行了研究，并对综放段后部刮板输送机进行了优化改造，对过渡段支架布置方式进行了优化设计，保证了综采综放协同综采面的正常安全生产，提高了煤炭资源回收率。

杨计先、李海潮[126-127]对综采综放混合开采工作面顶板管理进行了研究，指出煤壁节理发育情况、支架初撑力及采煤机牵引速度与滚筒转速适应情况是影响煤壁片帮的主要因素，顶煤完好情况、支架工作状态机采煤机割顶情况是影响冒顶的主要因素，提出优化采煤工艺及保持支架工作状态来防治片帮和冒顶的技术措施。

李迎业、胡亚林[128]针对综采综放混合开采时工作面瓦斯治理问题，提出瓦斯探放与抽放相结合的方法，为高瓦斯协同综采面瓦斯治理、安全高效生产开辟了一条崭新的途径。

孙凯等[129]对综采综放混合开采孤岛面围岩稳定性进行了分析，研究了混合开采孤岛面两侧煤层开采后煤柱垂向压缩量、孤岛面初次来压步距和周期来压步距。

总结发现，目前混合开采技术的研究焦点多集中在开采设备和工艺方面，除了针对综放综采工作面矿压规律有少量实测分析外，目前还没有针对混合工作面采场覆岩移动和矿压控制理论方面的研究，且混合开采技术的应用多是处理矿井小块段难采资源，工作面产量较低，基本是在矿井特定地质和工程背景下应用，技术暂时无法大规模工业化推广。

第 2 章　充填协同垮落式综采技术原理与方法概述

2.1　协同综采技术原理与特征

2.1.1　技术原理

结合矿井深部开采面临的保护层排矸量大、辅助运输困难、矿区环境污染以及常规全断面充填工作面产能不足等工程背景，基于“充填”和“产能”双重技术要求创新性地提出了充填协同垮落式综采技术（以下简称协同综采技术），其技术原理如图 2.1 所示。

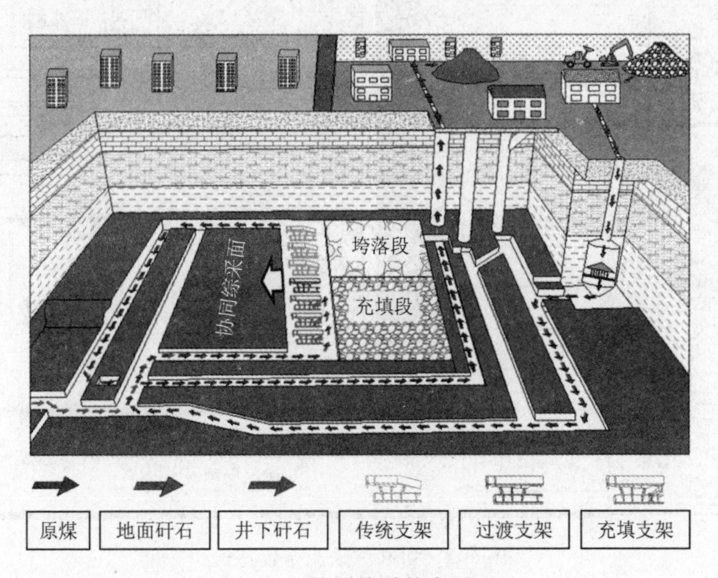

图 2.1　协同综采技术原理

协同综采技术旨在充分发挥固体充填综采消耗矸石、保护矿区环境以及传统综采高产高效双重技术优势。该技术在同一工作面中分段集成布置矸石充填段和垮落段，充填段与垮落段分别采用充填法和垮落法两种不同的采空区处理方式管理顶板，充填段布置充填液压支架、底卸式输送机等充填设备，垮落段布置传统液压支架等传统综采设备。充填段和垮落段前部共用一套采煤设备协同完成采煤运煤，而充填段采空区采用矸石充填，将矿井地表堆积或井下排放矸石破碎处理后直接运输至充填段采空区充填。协同综采面相当于在常规充填面基础上延长了一个垮落段，保留原有充填能力的同时增加了工作面产量，最终达到兼顾充填与产能的前提下实现采煤与充填安全、高效、协同作业。

2.1.2 技术特征与优势

协同综采技术是基于全断面充填采煤和传统垮落法综采而创立的新型采空区部分充填绿色开采方法。该技术保留了常规充填工作面消耗矸石能力的同时延长了工作面长度，协调平衡了工作面充填与采煤效率。协同综采面布置如图 2.2 所示，具有以下技术特征：

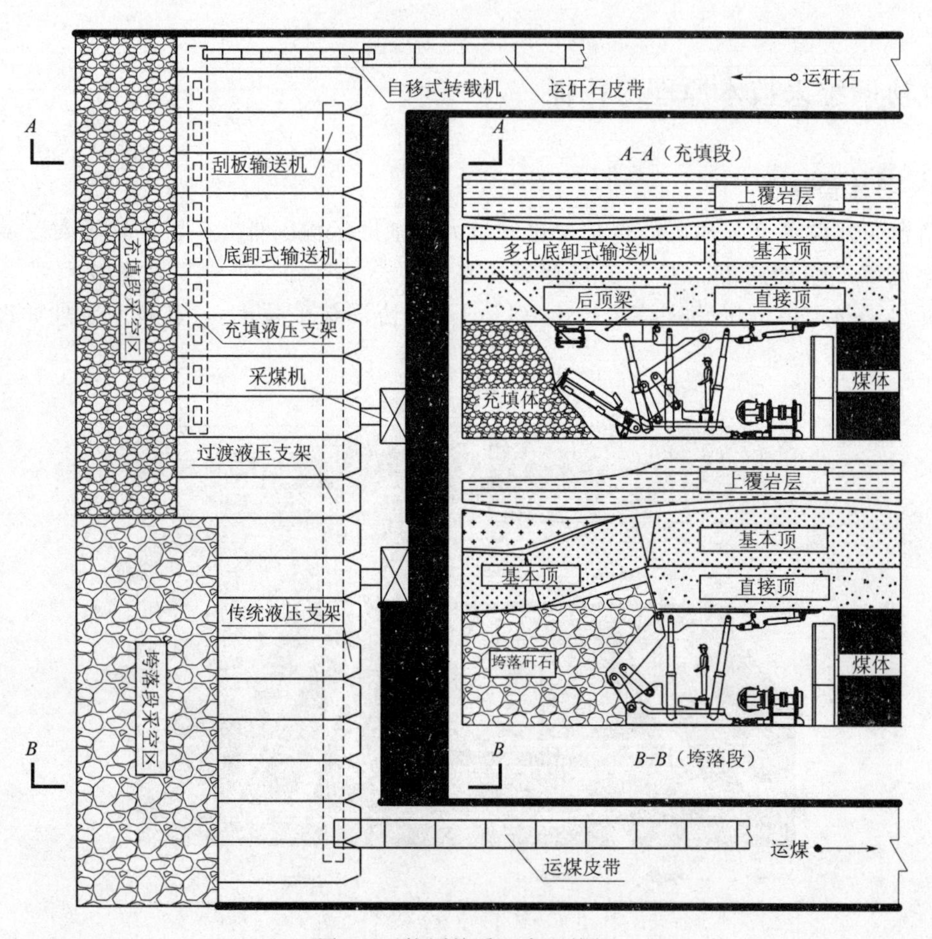

图 2.2　协同综采面布置特征

(1) 协同综采面由矸石充填段和垮落段组合而成，同一工作面中集成使用充填与垮落两种截然不同的采空区顶板管理方法，工作面分段布置充填采煤液压支架、过渡液压支架与传统综采支架，前部共用一套采煤机和刮板输送机完成采煤，后部仅充填段单独充填，实现了同一工作面全断面采煤与局部充填并举。

(2) 协同综采面能够同时满足“充填”与“产能”双重技术要求。协同综采面充填段与垮落段设计长度分别可达到 100m 以上，整个工作面长度可达 200m 以上，既保证了常规充填工作面充填矸石的能力，又能够提高工作面产量，满足矿井单面产能需求。

(3) 常规充填工作面充填长度与采煤长度相等，而充填工艺极其耗时，工作面采煤能力远大于充填能力，导致整个充填工作面效率相对偏低。协同综采面采煤段长度大于充填段长度，尺寸特征有效地调节了工作面采煤与充填效率，充填与采煤能力更加均衡，相对提高了充填效率。

（4）协同综采面巷道掘进率低、工作面搬家次数少。由于协同综采面总长度较长，采区面积一定的情况下工作面个数和巷道布置数目相对较少，相应地，必然减少了工作面搬家次数和巷道掘进量。

（5）相比于离层和垮落带注浆部分充填，矸石采空区充填工艺相对简单，矸石充填材料容易获取，部分充填减少了矸石需求量，降低了充填成本；同时解决了矿井矸石地面排放侵占地表和污染矿区矿井环境的难题，是一项理想的新型绿色开采技术。

2.2 协同综采技术关键

协同综采作为一项新型采空区部分充填采煤技术，其成功实施的首要前提是技术的可靠性高。本节重点介绍协同综采三大技术关键，即协同综采生产系统、协同综采面关键设备及协同综采工艺。

2.2.1 协同综采生产系统

协同综采技术是固体充填综采与传统垮落法综采的技术集成，旨在消耗井下排放矸石和地面堆积矸石的同时提高充填工作面产能与效率。协同综采面生产系统主要包括垂直投料系统（可选）、矸石不升井系统、井下矸石破碎输送系统和协同综采面作业系统4个子系统，各个子系统紧密衔接，实现井上下充填物料的连续运输及工作面充填与采煤工作有序进行，协同综采系统布置示意如图2.3所示。

1. 垂直投料系统

垂直投料系统主要负责将地面堆积矸石定时定量连续输送至井下。垂直投料系统包括地面运输设备、投料集控室、垂直投料管、井下矸石仓、缓冲器等一系列构筑物和设备。地面矸石经筛分、破碎处理后通过地面运输皮带运至地面投料口，再经垂直投料管投放至井下矸石仓，通过矸石仓下口给料机与井下运输皮带运输至协同综采面充填段采空区充填。对于协同综采而言，若井下保护层排矸量大且工作面设计充填段消耗矸石量小，可不设置垂直投料系统，在需要处理地表矸石大或井下排矸量不满足充填需求时设置。

2. 矸石不升井系统

矸石不升井系统旨在实现井下排放矸石井下原位洗选充填，实现煤矸分选分运。随着开采深度不断延伸，开采煤矸混合高含矸率保护层的情况日益增加，井下排矸长距离运输给矿井辅助运输、地表排放空间和矿区环境带来极大压力，理想途径为矸石不升井。矸石不升井系统包括井下洗选硐室及一系列井下煤矸筛分洗选设备，将井下煤矸混合物进行井下洗选，洗选后的原煤运输至井下煤仓，矸石则运输至协同综采面充填。既缓解了矿井辅助运输压力，又解决了矸石地表排放带来的矿区环境污染难题。

3. 井下矸石破碎输送系统

井下洗选矸石粒径往往难以满足充填要求，井下矸石破碎输送系统首先将洗选后的矸

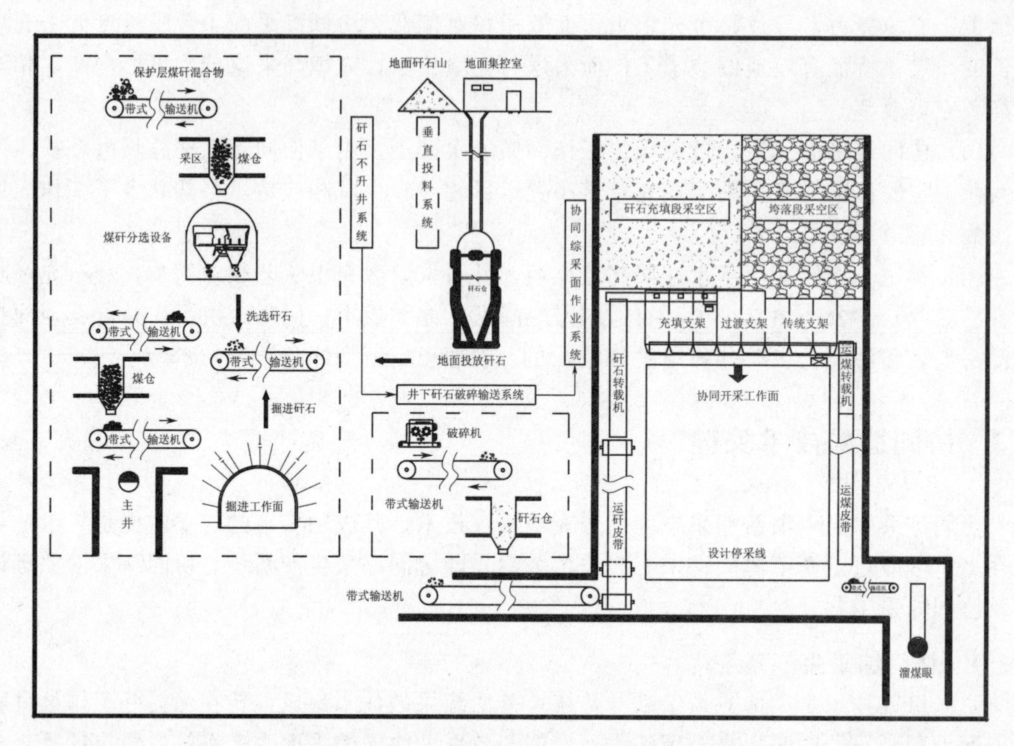

图 2.3　协同综采生产布置示意

石进行筛分，对不符合粒径要求的矸石做进一步分级破碎至符合要求后，统一运输至井下矸石仓。系统将井下洗选和地面投放矸石按时定量地运输至协同综采面充填段采空区进行充填，实现充填物料连续运输。

4. 协同综采面作业系统

协同综采面作业系统是整个协同综采系统的关键，其他子系统均围绕该系统服务。协同综采面分段布置充填与采煤设备，工作面前方充填段和垮落段共同采煤，后方充填段单独充填，充填段与垮落段联合布置协调作业，整个协同综采面充分发挥消耗矸石和高产高效双重技术优势。

2.2.2　协同综采面关键设备

协同综采面设备选型及合理配套是协同综采技术成功实施的前提。协同综采面设备可分为采煤设备和充填设备两大部分。其中采煤设备包括采煤机、前刮板输送机以及传统综采液压支架，其选型与传统综采类似，但需注意与充填设备结构及性能匹配；充填设备包括充填采煤液压支架、过渡段液压支架、多孔底卸式输送机、机头机尾升降平台、矸石转载机。协同综采根据不同的充填方案需要选择不同结构类型的充填采煤液压支架，并根据具体工程应用进一步优化设计，协同综采面关键设备及其布置如图 2.4 所示。

设备选型配套[130-131]及其合理布置是协同综采面生产的前提与保障。协同综采技术在国内外尚属首次运用，关于其设备配套选型及布置目前还没有成熟的案例供借鉴。工作

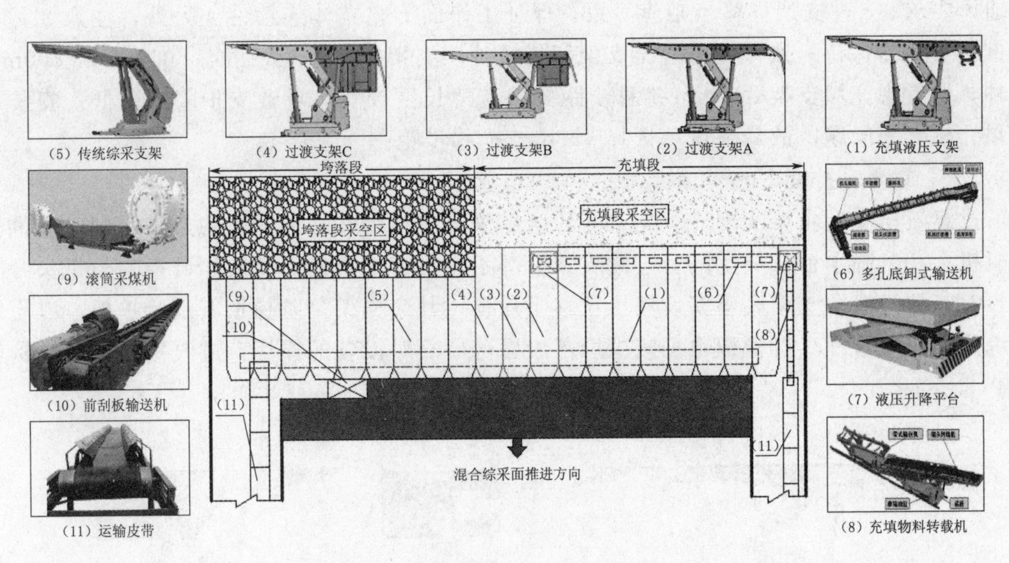

图 2.4　协同综采面关键设备及其布置

面设备选型及配套应遵循满足工作面产能、设备技术参数与结构性能相匹配及实现工作面充填采煤并举原则。本节简要阐述协同综采面设备配套及布置的主要注意事项。

1. 充填采煤液压支架选型

根据协同综采岩层控制及矸石充填量要求，可将工作面充填方案分为密实充填和自然落料充填两种。密实充填时要求充填支架后部安设夯实机构，通过对矸石散体物料反复夯实推压接顶，增加充填量并提高充填体初始抗变形能力，控制覆岩及地表变形；自然落料充填时旨在消耗矸石以及提高充填工作面产能，充填段设计时兼顾矸石充填能力与充填速度，充填物料由多孔底卸式输送机卸料口自然落入采空区即可，无须反复夯实。考虑避免矸石涌入支架后部影响支架工况，后部设置挡矸板。不同充填方案条件下充填采煤液压支架结构如图 2.5 所示。

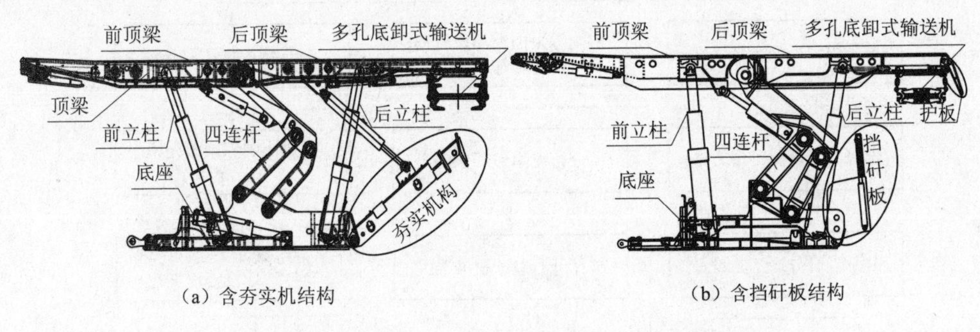

图 2.5　不同充填方案条件下充填采煤液压支架结构

2. 协同综采面不同类型支架配套

协同综采面分段布置充填采煤液压支架、过渡液压支架以及传统综采液压支架。不同支架结构类型差异较大，在同一工作面使用时首先要求结构协调、行人通道宽敞连续且保持通风要求；3 种支架推移步距应一致，保证工作面工艺整体连续性。另外，注意 3 种支架推移步距需保持一致，充填液压支架和传统液压支架推移步距一般有 600mm 和 800mm 两种，但考虑充填支架 800mm 推移步距要求支架长度较长，导致支护阻力降低，安装切眼尺寸较大等问题，故最终统一选择 600mm 推移步距。

3. 过渡液压支架改造

过渡液压支架主要实现充填支架与传统综采支架结构和功能的平稳过渡，同时提供输送机机头和升降平台摆放空间。过渡支架后部不安设夯实机构而安装挡矸板，与机头升降平台对应的过渡段支架底座安设液压拉移千斤顶，其余支架呈阶梯形安设侧护板，以便协同综采面通风管理，侧护板也可减少垮落段冒落矸石对设备的损坏。过渡液压支架结构如图 2.6 所示。

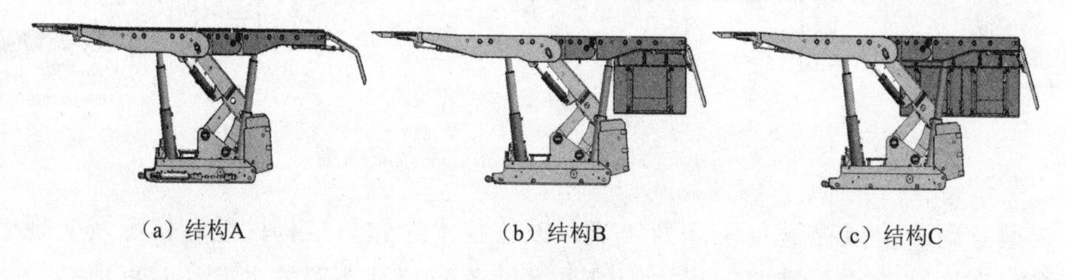

图 2.6　过渡液压支架结构

2.2.3　协同综采工艺

协同综采技术是集地面矸石投放、矸石井下洗选、破碎与运输及工作面部分充填于一体的绿色充填方法，其整体技术工艺包括井下煤矸分选工艺、矸石井下破碎运输工艺以及协同综采面开采工艺，具体协同综采工艺设计流程如图 2.7 所示。

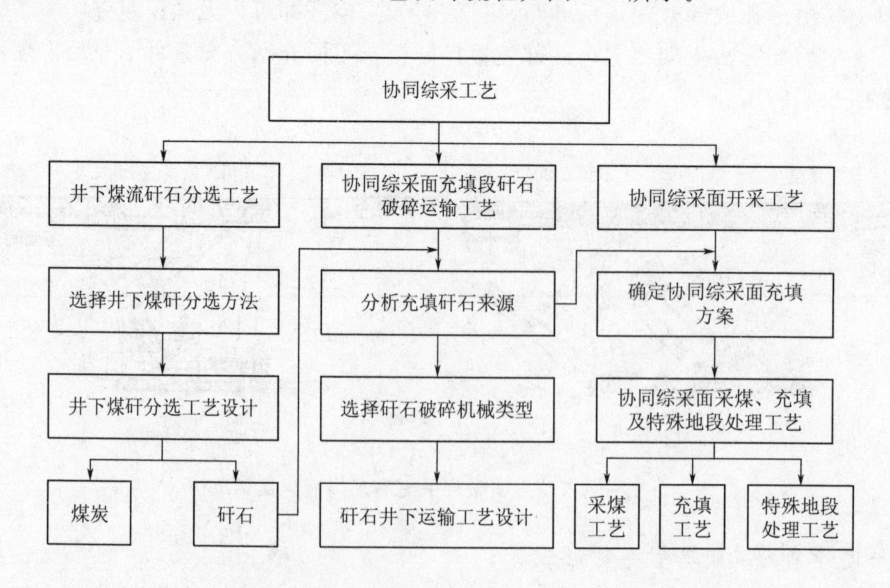

图 2.7　协同综采工艺设计流程

协同综采井下煤矸分选工艺与井下矸石破碎输送工艺与综合机械化采选充填采煤[42]技术中原理相似。此处重点介绍协同综采技术特有的协同综采面开采工艺。协同综采面开采工艺是协同综采工艺的核心，主要为采煤工艺与充填工艺。

协同综采面在充填采煤液压支架、过渡液压支架和传统综采液压支架 3 种不同类型液压支架掩护下完成采煤工作，3 种不同类型液压支架共用一套采煤机与刮板输送机进行采煤与运煤。要求 3 种不同类型支架移步距统一，为保证充填前控制顶板提前下沉，采煤机割煤后先推移支架后移动刮板输送机，移架滞后采煤机滚筒 3～4 架支架距离，推移刮板输送机滞后采煤机后滚筒约 15m。采用双滚筒采煤机工作面割三角煤端部斜切进刀方式，具体采煤工艺与传统垮落法类似，参见文献 [132]。

协同综采面只充填充填段采空区，采煤与充填工序平行作业。与常规矸石充填面待采煤机割煤完毕所有液压支架移架推溜后再充填不同，协同综采为了进一步提高充填效率，平衡充填与采煤时间，协同综采面待充填段支架移架拉直后即可实施充填，由常规充填面“一采一充（采完煤后充填）”真正转变为“边采（垮落段采煤）边充（充填段充填）”采充并举作业。充填工艺设计为由机尾向机头方向充填，具体工艺流程为：沿充填段方向对卸料孔进行编号分组，每 4 个卸料孔为一组。首先打开机尾方向第一组 4 个卸料孔，当第 1 个卸料孔达到充填要求（自然落料时堆料高度到达底卸式输送机底部，密实充填时继续反复夯实）后开启第二组第 1 个卸料孔，依此顺序充填各组卸料孔直至充填段充填完毕。协同综采面充填步骤如图 2.8 所示。

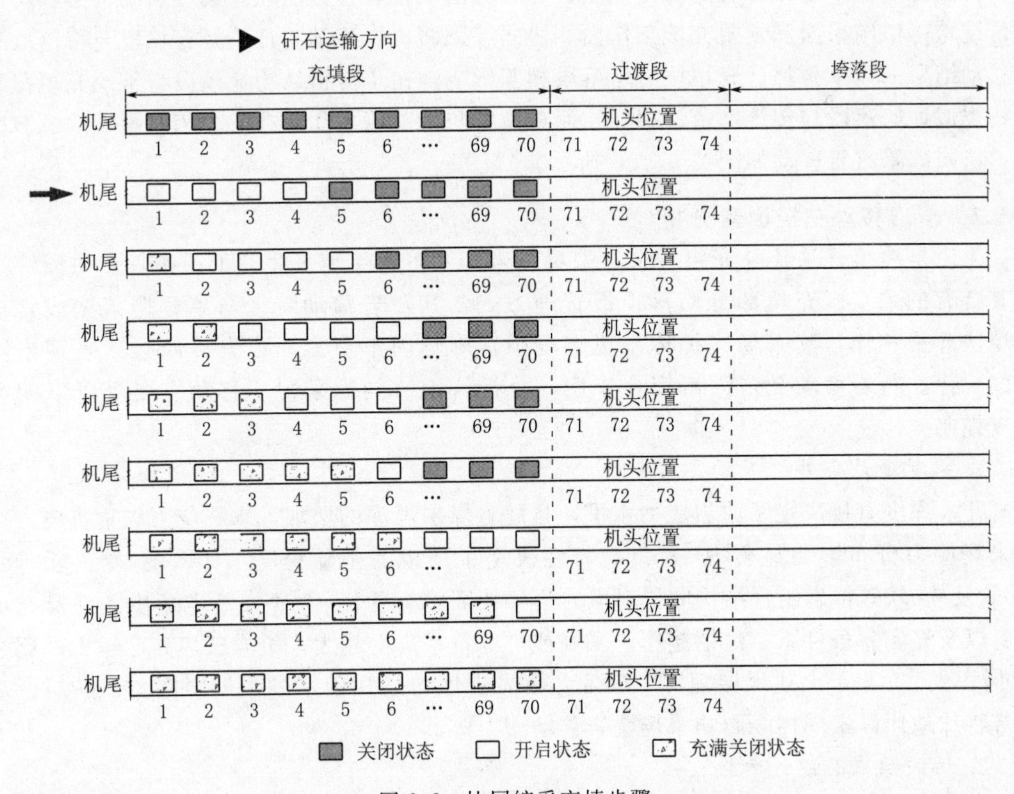

图 2.8 协同综采充填步骤

2.3 协同综采覆岩移动与充填状态

协同综采因其采空区局部充填特征，其覆岩移动必然表现出其特有的规律。本节基于传统垮落法和常规充填综采覆岩特征，总结协同开采覆岩移动影响因素。

2.3.1 覆岩移动特征

国内外学者针对传统垮落法综采[133-138]和固体充填采煤岩层[95,100,139]控制理论方面做了大量研究。在传统垮落法综采中，随着工作面推进，覆岩直接顶垮落，基本顶发生周期性破断，导致工作面周期来压现象，在垂直方向上覆岩层自下而上可分为垮落带、裂隙带和弯曲下沉带“三带”结构[140]；而在固体充填采煤中，充填体作为采场主要承载体承担了大部分覆岩载荷，改变了采场支护体系和采场应力状态，限制了覆岩的下沉和破断。当充实率较低时，表现出与垮落法开采类似的矿压显现及覆岩移动特征，覆岩结构同样呈现出“三带”结构，但垮落带岩石破碎块度较大，垮落带发育高度较低；当充实率较高时，覆岩直接顶在达到断裂极限跨距之前已经受到充填体的支撑约束，直接顶仅发生局部断裂，基本顶及以上岩层仅发生弯曲变形，覆岩结构仅表现出“两带”发育特征。传统垮落法综采与固体密实充填采煤覆岩移动破坏特征对比如图2.9所示。

由图2.9（a）、（b）分析可知，固体充填采场覆岩移动特征与传统综采相比差异显著，协同综采面采空区特有的部分充填、部分垮落顶板管理方法，采场覆岩结构必然不同于传统垮落法综采面和常规充填工作面。协同综采面覆岩移动特征不是充填段与垮落段覆岩移动结果的简单叠加，充填段与垮落段相互影响，初步分析认为充填段与常规充填覆岩结构类似，垮落段与传统垮落法相似，而充填段与垮落段之间存在一个相互影响的过渡区域，协同综采覆岩移动如图2.9（c）所示。

2.3.2 覆岩移动主控因素分析

无论是垮落开采还是充填开采，采场覆岩都不可避免地发生变形或破坏。协同综采因其特有的采空区充填部分垮落顶板管理方式，其覆岩移动特征与单一垮落法或常规充填法开采相比，其采场支护体系更加复杂，影响因素更多，覆岩移动必然表现出特有的规律。覆岩移动受多因素耦合作用，分析认为协同综采覆岩移动主要受以下四类因素控制。

1. 采矿地质条件

开采深度直接决定了原岩应力水平，且随着煤层埋深的增加，水平应力与垂直应力比对采场应力分布影响显著[141]；覆岩岩性决定了顶板的坚硬程度，具体硬-硬、软-硬、硬-软及软-软等覆岩组合结构同样对覆岩运移特征影响显著[100]；在既定地质条件及充填材料以及充实率条件下，煤层越厚，采高或“等价采高”越大，覆岩破坏高度越大；反之越小[142-143]。除了上述煤层埋深、厚度、覆岩岩性与结构因素外，煤层倾角、断层、水文等特殊地质因素同样会影响采场覆岩移动[144-146]。

2. 协同综采面设计参数

随着工作面长度增加，覆岩运移规律将发生改变，采场矿压显现工作面长度效应显

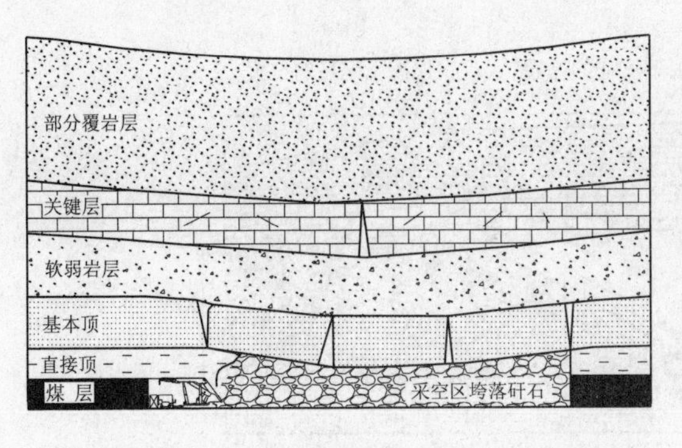

(a) 传统垮落法开采

(b) 密实充填开采

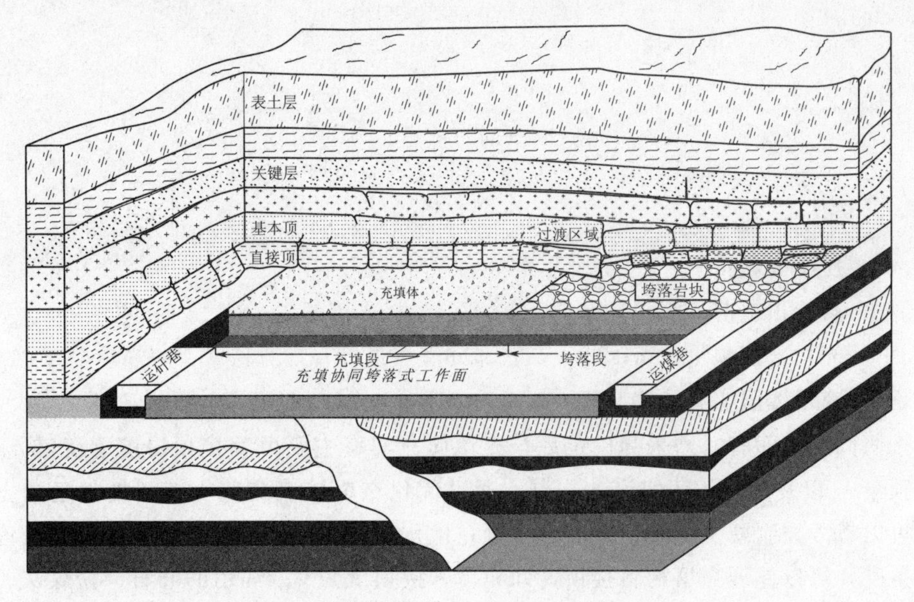

(c) 协同开采

图 2.9 不同开采方法覆岩移动破坏特征对比

著[147-148]。推进长度和工作面长度共同决定了采场采空区尺寸，采空区尺寸越大，覆岩移动和地表沉陷越剧烈[149]。相对于协同综采面而言，除了常规的工作面长度和推进距离外，协同综采面所特有的充填段和垮落段各自的长度及其比例（充垮比）对于协同综采面覆岩移动及采矿矿压显现影响显著。从理论上讲，在协同综采面总长度一定的条件下，充填段长度越长，覆岩结构越稳定，矿压显现程度越缓和。但随着充填长度的增加，协同综采面经济成本增加，工作面开采效率降低。如何合理设计工作面总长及其充垮比是协同综采设计的关键。

3. 充填物料及充实率

不同充填物料力学性能差异显著。充填物料充填入充填段采空区后，与支架、煤体协调控制覆岩移动变形，固体充填采煤覆岩移动控制示意如图 2.10 所示。采空区松散充填体在覆岩作用下逐渐被压实，致使充填体致密度提高，抗压性能逐渐升高，从而可以有效抑制上覆岩层移动，控制采场矿压显现。充填体对覆岩控制效果可以通过充实率直观体现，充实率计算公式如下：

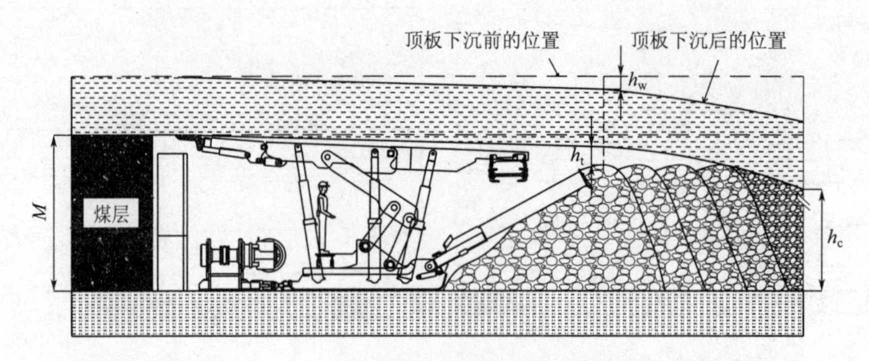

图 2.10　充填采煤覆岩移动控制示意

$$\eta=\frac{h_c}{M} \tag{2.1}$$

$$h_c=\varepsilon(M-h_t-h_w) \tag{2.2}$$

式中　η——充实率，%；

M——采高，m；

ε——压实率，%；

h_w——直接顶提前下沉量，m；

h_t——充填未接顶量，m；

h_c——充填体压实后最终高度，m。

对于协同综采而言，当采高确定后，充填体充实率主要由直接顶提前下沉量 h_w、充填未接顶量 h_t 以及充填体压实率 ε 控制。通过优化充填采煤液压支架及提供足够支架初撑力，可以有效控制减少直接顶提前下沉量；优化设计支架后部夯实机构的伸长长度范围及夯实角度，可以保证充填物料接顶，即充填未接顶量为 0；常用的矸石、粉煤灰、风积沙、黄土及露天矿渣等充填物料抗压性能差异显著，选择合理的充填物料及其配比，通过夯实机构对充填物料施加一定强度的压力进行预夯实，可以有效减少物料的最终压缩量，提高充填体压实率，从而控制覆岩变形。

4. 充填技术水平

除上述因素外，井下劳动组织管理水平、充填技术人员操作规范性等因素同样对覆岩移动产生重要影响。例如，移架不及时造成顶板提前下沉；夯实机构伸长长度操作不到位或角度调节不合理造成充填未接顶量偏大；井下液压泵站压力偏小或夯实材料或次数欠缺，导致充填体初始密实度低，最终压缩量过大，上述充填水平不足均可能导致顶板下沉量变大，覆岩控制效果不理想。

协同综采覆岩移动是基于具体工程背景且多因素综合作用的结果。在上述影响因素中，实际工程地质条件、充填技术及装备等客观条件相对稳定。一旦具体到相应矿井设计时基本为给定条件。协同综采设计时主要针对协同综采面各段参数及充填体充实率进行设计，研究不同充实率条件以及不同充填段长度和垮落段长度条件下采场覆岩移动和矿压显现规律，为协同综采采场和巷道支护提供理论依据。

2.3.3 充填方案与充实率状态分析

协同综采有着其特定的工程应用背景，根据矿井不同充填目标，协同综采面充填段充填方案分为密实充填和自然卸料充填两种，两种充填方案区别在于充填液压支架后部是否安设夯实机构对充填体充实率进行控制，分析认为两种充填方案对应着“高充实率”“中等充实率”和“低充实率”3种充填状态。

第一种状态：高充实率状态。充填段实施密实充填，该种状态下夯实机构能使散体充填物料接顶，同时通过夯实机构对散体充填物料反复多次循环夯实，充填量大，充填体充实率极高，能够对覆岩移动起到有效的控制作用。但这种充填工艺复杂，充填工序耗时，导致工作面产量和效率相对偏低。

第二种状态：中等充实率状态。该种状态不过分追求充实率，通过夯实机构使散体充填物料接顶即可，充实率较第一种状态低，但夯时时间短，充填体能够充满整个采空区，在保证充填量的同时简化了充填工艺，充填与采煤效率协调关系好。

第三种状态：低充实率状态。充填段实施自然落料充填方案，充填液压支架后部不设夯实机构，落料高度只能自然堆积到充填液压支架后部底卸式输送机下部，充填物料无法接顶。该种状态充填能力相对较低，但其工艺简单，充填工序几乎不影响采煤。两种充填方案对应3种充实率状态示意如图2.11所示。

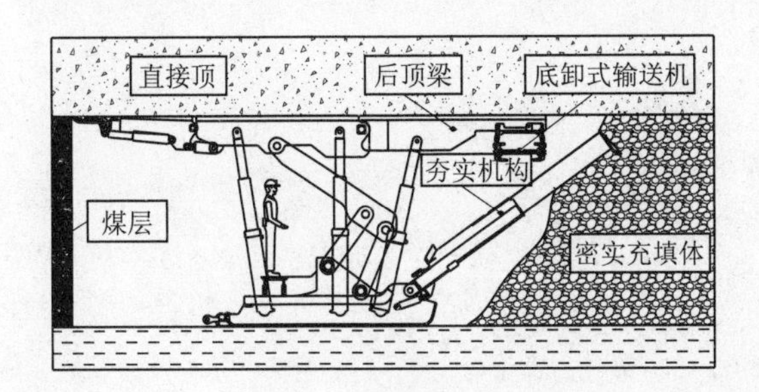

(a) 第一种状态

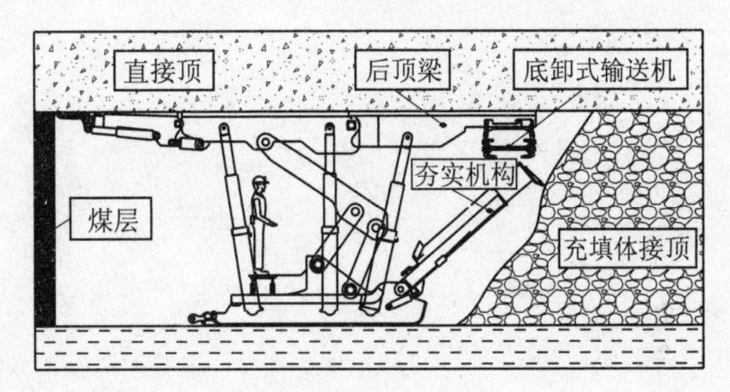

(b) 第二种状态

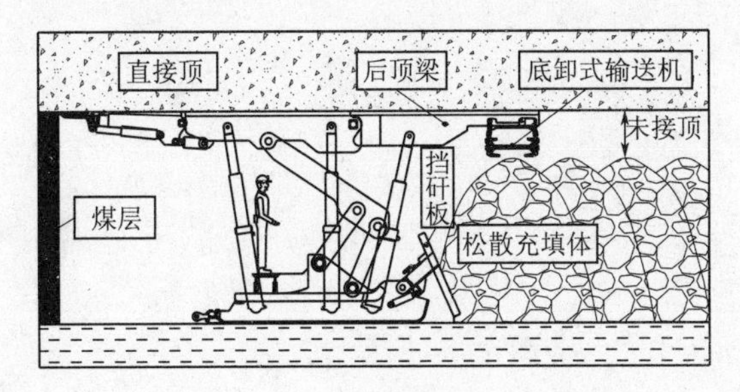

(c) 第三种状态

图2.11 协同综采充实率状态分类

以平顶山十二矿为例，根据充填经验和矸石压实特性，分析并估算上述3种充填状态协同综采面充填和采煤作业时间（假设充填段120m、垮落段100m），结果如图2.12所示。

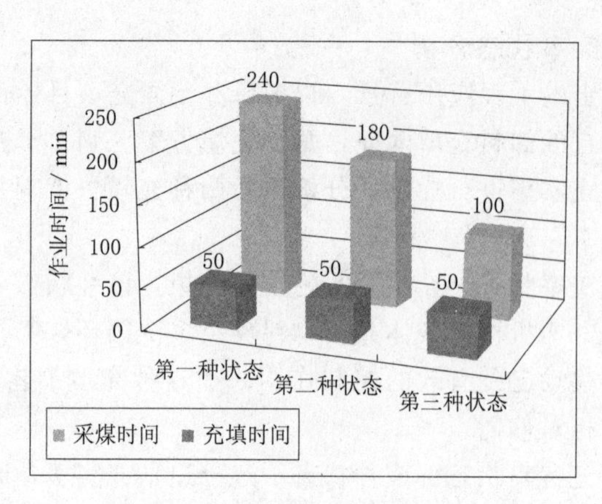

图 2.12　采煤与充填作业时间

由图 2.12 分析可知，不同充填状态下工作面采煤时间相同，均约 50min，而充填时间分别为 240min、180min、100min，充填段充实率大致为 85%、70% 和 55%。分析可知，充实率越高，充填时间越长，工作面采煤与充填效率越低，协同综采工程应根据工程实际需要合理设计工作面充填方案。

第3章　协同综采面覆岩移动与空间结构特征

长期的开采实践和理论研究证明，采场矿压显现与开采引起的覆岩移动及其形成的覆岩空间结构密切相关[150-154]。协同综采面在同一工作面中分段布置充填段与垮落段，与常规单一采煤工艺工作面相比，协同综采采场覆岩支撑结构差异显著，其覆岩移动规律与空间结构特征更加复杂。本章依据物理相似理论构建协同综采物理相似模型，监测不同充实率条件下协同综采面覆岩位移及应力分布特征，分析协同综采面覆岩变形规律及其空间结构特征，为协同综采工程设计和采场支护提供借鉴。

3.1　协同综采物理相似模型构建

矿山岩层移动和矿压显现规律最可靠的获取方式为现场原位实测研究。协同综采作为一项新型采空区部分充填开采技术，在国内外属首次运用，目前尚无岩层移动实测方面的数据及经验，暂时无法从现场实测角度对协同综采岩层移动规律开展研究。物理相似模拟因其结果直观、单一条件可控及相似程度高等优点被广泛应用于矿山覆岩移动特征研究。物理相似模拟试验的实质是采用与现场原型力学性质相似的材料，按设计相似参数缩制成相应比例的模型，并进行开挖模拟，观测和研究相似模型变形与破坏等矿压现象。协同综采面最显著特征为沿倾向表现出明显的分段特征，因此本章利用试验室二维模拟相似平台，构建协同综采覆岩相似模型，研究协同综采面覆岩移动及其空间结构特征。

3.1.1　模型的基本参数

物理相似模拟试验成功与否常取决于模型与原型相似条件的满足程度。试验以平煤十二矿工程地质参数为研究背景，依据几何条件、介质条件、边界条件及初始条件等四大相似准则[155]，确定模型几何相似比 C_L 为 1∶100（模型∶原型），根据试验材料与原型各岩层的容重，确定模型容重相似比 C_r 为 1∶1.67、应力相似比为 C_p 为 1∶166.7。

二维物理相似模拟平台尺寸长×宽×高为 2.5m×0.2m×1.8m，结合现场实际地质条件和实验室条件，设计模型铺设高度为 1.5m，包括主采己$_{15}$煤层、5 层底板及 14 层顶板，共 20 层。模型各岩层基本参数及材料配比见表 3.1 和表 3.2。

表 3.1　　煤岩层厚度与力学基本参数

序号	岩层	实际厚度/m	模型厚度/cm	抗压强度/MPa	模拟强度/kPa
1	粉砂岩	25	25	16.0	95.83
2	砂质泥岩	15	15	14.0	83.84

续表

序号	岩层	实际厚度/m	模型厚度/cm	抗压强度/MPa	模拟强度/kPa
3	细砂岩	10	10	32.0	191.68
4	泥岩	10	10	14.0	83.83
5	细粒砂岩	8	8	32.0	191.68
6	泥岩	12	12	14.0	83.83
7	粗粒砂岩	6.0	6.0	25.0	149.70
8	细砂岩	6.0	6.0	35.0	209.58
9	粉砂岩	5.0	5.0	13.0	77.84
10	白砂岩	1.4	1.9	40.0	239.52
11	己$_{14}$煤	0.5	1.9	40.0	239.52
12	砂质泥岩	6.5	6.5	15.0	89.82
13	细砂岩	2.5	2.5	35.0	209.58
14	砂质泥岩	4.5	4.5	14.0	83.83
15	己$_{15}$煤	3.2	3.2	9.0	53.89
16	泥岩	0.5	0.5	16.0	95.80
17	细砂岩	4.7	4.7	32.0	191.61
18	灰岩	4.2	4.2	20.0	119.76
19	细砂岩	10	10	32.0	191.61
20	砂岩	15	15	32.0	191.61

表 3.2　　　　煤岩层材料配比表

序号	岩层	配比号	总干重/kg	材料用质量/kg			
				砂	碳酸钙	石膏	水
1	粉砂岩	755	225	187.50	11.25	26.25	28.13
2	砂质泥岩	573	135	115.71	5.79	13.50	16.88
3	细砂岩	537	90	67.50	6.75	15.75	11.25
4	泥岩	573	90	77.14	3.86	9.00	11.25
5	细粒砂岩	537	72	54.00	5.40	12.60	9.00
6	泥岩	573	108	92.57	4.63	10.80	13.50
7	粗粒砂岩	455	54	40.50	4.05	9.45	6.75
8	细砂岩	537	54	40.50	4.05	9.45	6.75
9	粉砂岩	673	45	36.00	4.50	4.50	5.63
10	白砂岩	337	17.1	12.83	1.28	2.99	2.14
11	己$_{14}$煤	773	58.5	50.14	2.51	5.85	7.31
12	砂质泥岩	573	22.51	16.88	1.69	3.94	2.81

续表

序号	岩层	配比号	总干重/kg	材料用质量/kg			
				砂	碳酸钙	石膏	水
13	细砂岩	537	40.5	34.71	1.74	4.05	5.06
14	砂质泥岩	573	28.8	25.20	1.80	1.80	3.60
15	己$_{15}$煤	773	4.51	3.75	0.23	0.53	0.56
16	泥岩	573	42.3	31.73	3.17	7.40	5.29
17	细砂岩	537	37.8	30.24	2.27	5.29	4.73
18	灰岩	655	90	67.50	6.75	15.75	11.25
19	细砂岩	537	135.01	101.25	10.13	23.63	16.88
20	砂岩	537	225	187.50	11.25	26.25	28.13

3.1.2 模拟与监测方案

1. 模拟方案

充填采煤采场充填体对上覆岩层运动的抑制程度由充填体的致密性决定，两者之间的相互作用关系通过充实率直观表达。协同综采覆岩移动影响因素众多，结合协同综采工程参数设计重点及十二矿地质条件背景，本次物理相似模拟试验重点考察不同充实率条件下协同综采面覆岩移动规律，最终确定物理模拟方案，见表3.3。

表3.3　物理相似模拟试验方案

影响因素	模型	充实率/%	充填高度/cm	充填段长度/cm	垮落段长度/cm
充实率	一	55	2.3	120	100
	二	70	3.2		
	三	85	3.2		

模型铺设完毕约干燥10天（秋季）后开挖，同时对未铺设岩层进行模拟补偿载荷处理，未铺设煤层高度约900m，按照物理模拟应力相似比计算，需加载0.135MPa的补偿载荷，具体加载方式采用平台上部风动液压汽缸等装置实现，模拟平台加压系统实拍如图3.1～图3.3所示。此次铺设为工作面倾向模型，不同于以往走向开挖，参照采场采充并举工艺适当调整，每10min开挖充填一次，每次开挖5cm，按此顺序直至充填段充填完毕，继续开挖至设计停采位置。

2. 监测方案

覆岩采动位移变形监测：试验采用Matchid2D非接触式应变测量与参数反求分析系统，监测模型在开挖过程中协同综采面覆岩下沉量。Matchid2D系统的创新性在于成功地将实测技术DIC、参数反求技术VFM、有限元仿真技术FEA三大技术整合到统一的系统平台。该系统搭配高速摄影机可以准确记录物体表面影像，利用先进的二维数字图像相关性运算方法，测量任意的位移和形变，同时可以随时对试验对象进行校正，做实时的模拟输出及数据处理，系统最大的特点在于图形处理过程中准确识别图形大变形，克服以往常用监测系统无法识别垮落段覆岩大变形位移难点，精确分析充填段和垮落段覆岩位移变形。该系统核心设备包括高速工业摄像机与 Matchid2D 图形处理软件，位移监测设备如图 3.1 所示。

（a）高速工业摄像机

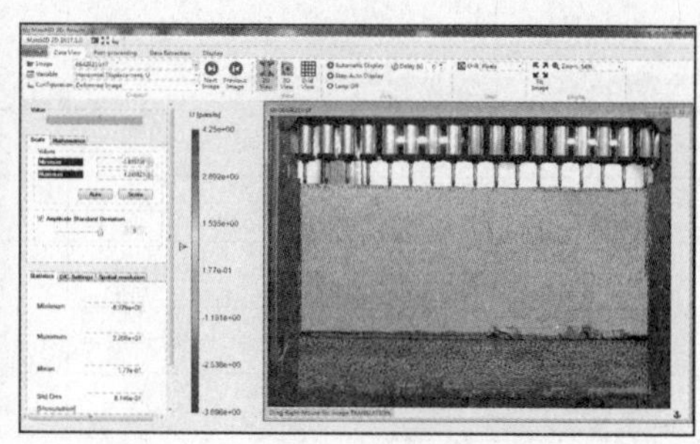

（b）Matchid2D 软件处理系统

图 3.1　位移监测设备

覆岩应力监测：在覆岩基本顶层位按设计间距铺设 DZ 型微型电阻应变式压力传感器配合 TS3890 型静态应变仪监测协同综采面开挖过程中覆岩内部应力变化。应力监测设备及测点布置（间隔 20cm）分别如图 3.2 和图 3.3 所示。

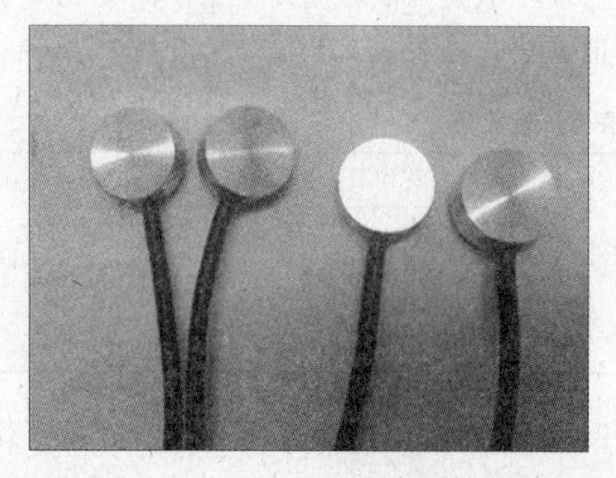

（a）压力传感器

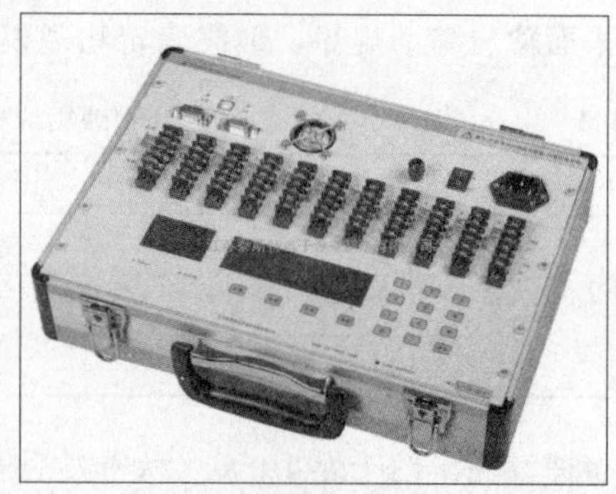

（b）静态应变仪

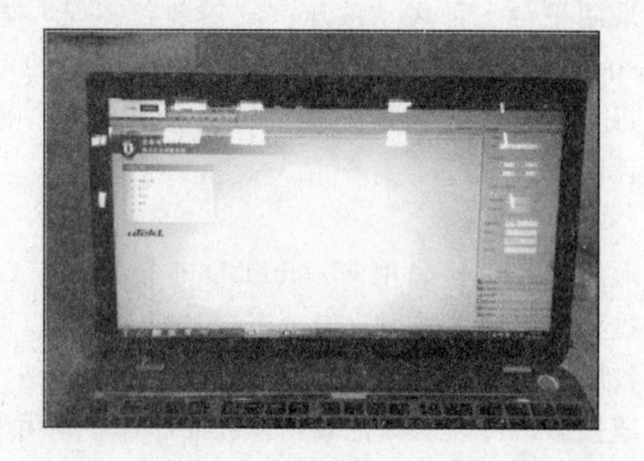

（c）数据处理软件

图 3.2　应力监测设备

3.1.3 充填体相似材料设计

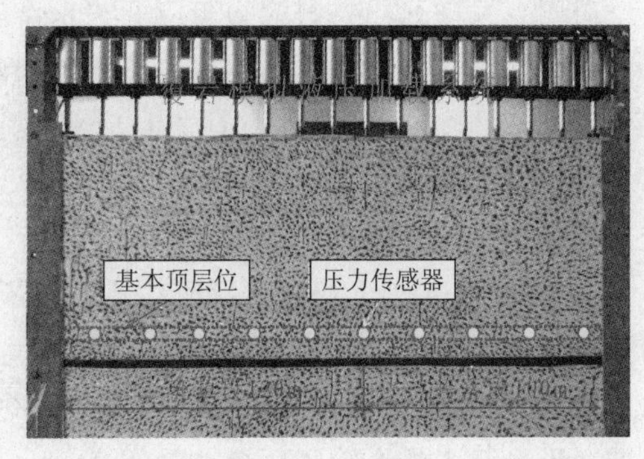

图 3.3 模型应力监测设备布置示意

充填采煤与垮落法开采采场覆岩破坏机理及破坏特征差异显著，最主要的原因是采空区充填体改变了岩层承载结构，有效抑制了覆岩下沉变形。尽可能保证充填体相似材料与现场矸石充填材料应力与应变过程的相似度，是本次物理相似模拟试验成功的关键。设计合理的充填体相似材料的基础是掌握矸石充填材料的应力与应变本构关系。本小节基于现场充填矸石压实特性设计充填体相似材料。

1. *矸石充填物料压实特性测试*

十二矿协同综采面充填矸石以井下洗选矸石为主，矸石来源为井下已$_{14}$近全岩保护层排放矸石，保护层排矸经井下洗选后直接用于采空区充填，实现了矸石不升井地面零排放。本次矸石压实试验样品取自井下洗选破碎后的原生态充填矸石。

试验采用 YAS－5000 型材料试验机对矸石充填物料进行单轴侧限压缩试验。试验机由液压伺服系统控制，可实现各种速率应力和位移控制加载方式，试验自动采集、存储及处理数据。试验物料装载容器为自制圆形压实钢筒，钢筒外径 274mm，壁厚 14mm，高 300mm。压实试验设计轴向应力为 0～16MPa，加载速率为 1kN/s，每 3s 采集记录一次数据，矸石取样过程及应力与应变曲线如图 3.4 所示。

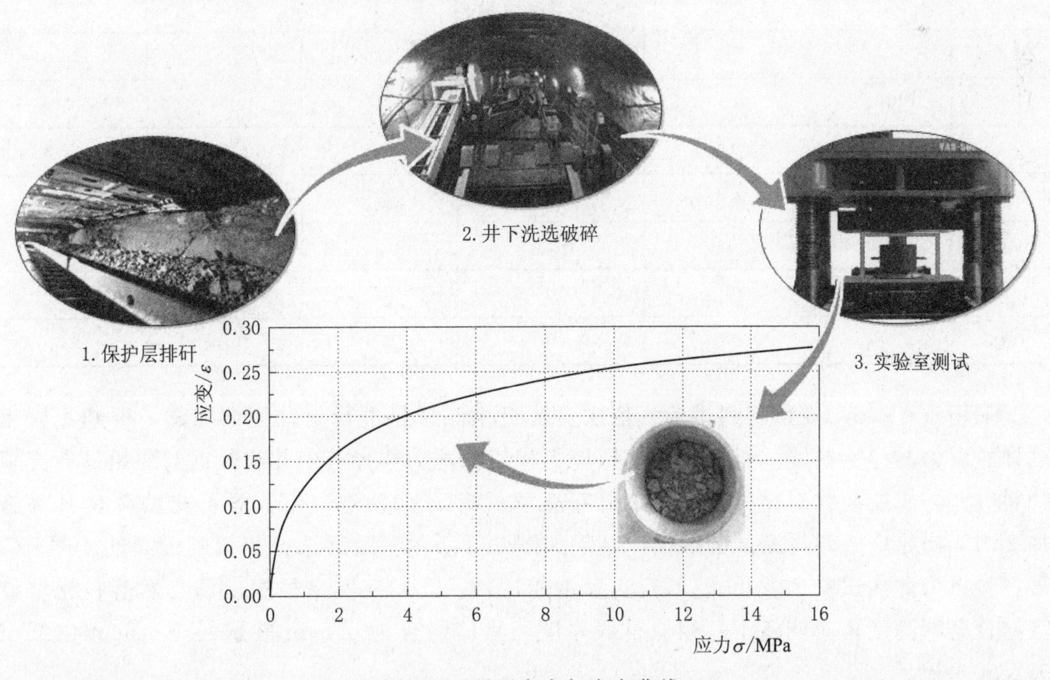

图 3.4 矸石应力与应变曲线

对图3.4中充填物料应力与应变关系作进一步数据分析可得以下几点。

(1) 充填物料应变值随着应力值的增加而变大，在应力0～16MPa的变化过程中，应变值累计达0.279，充填物料应力与应变关系呈非线性变化特征。

(2) 矸石充填物料压缩过程中压缩变形速率呈现明显的分段特征，整个过程大致分为快速变形、减速变形和慢速变形阶段。

(3) 在0～4MPa快速变形阶段中，矸石压缩量高达0.201，超过整个变形过程压缩总量72.2%；4～10MPa减速变形阶段中，矸石压缩量变化速度变慢，矸石压缩量达0.253，此阶段变形量占整个阶段压缩总量的18.6%；10～16MPa慢速变形阶段中，矸石压实变形量只占整个阶段压缩总量的9.2%。由分析可知，若充填时对充填物料预施加适当外力，可显著提高充填承载性能。

2. 充填相似材料的优化设计

充填体相似材料压实特性与现场矸石充填物料压实特性的相似程度，是此次物理模拟结果可靠性的关键。根据以往充填开采物理相似模拟充填体选择的经验和相似条件准则，结合此次模拟井下洗选矸石压实特征，确定采用海绵、纸张、薄塑料、厚塑料、木板(1mm厚)等材料组合相似材料，选择应力与应变曲线相似度最高材料组合作为此次模拟方案。试验充填体相似材料组合方案见表3.4。

表3.4　充填体相似材料组合方案

序号	相似材料组合/cm					
	海绵	硬塑料(薄)	硬塑料(厚)	A4纸	PVC板	木板/层
1	0	1	0	2	0	2
2	0	1	0.5	1.5	0	2
3	1	1	0	1	0	2
4	0	0	0	3.2	0	0
5	0	0	2	1	0	2
6	0	1	2	0	0	2
7	0	0	0	2	1	2
8	0	0	0	2.5	0.5	2

采用YAS-5000型材料试验机依次对8组相似材料进行单轴压缩测试，得到不同组试样的应力与应变曲线。根据物理模拟应力相似原理，选择其中几组数据与原始矸石充填物料应力与应变曲线对比分析，其中矸石充填材料A为洗选矸石，矸石充填材料B为施加2MPa初始应力后再测试的试样，结果如图3.5所示。最终选择相似度最高的1号和2号材料作为此次试验70%和85%充实率相似材料，55%充实率根据现场自然落料充填方案结合充填高度相应调整1号相似材料厚度，具体组合为0.5cm硬塑料+1.6cm白纸+0.2cm木板。

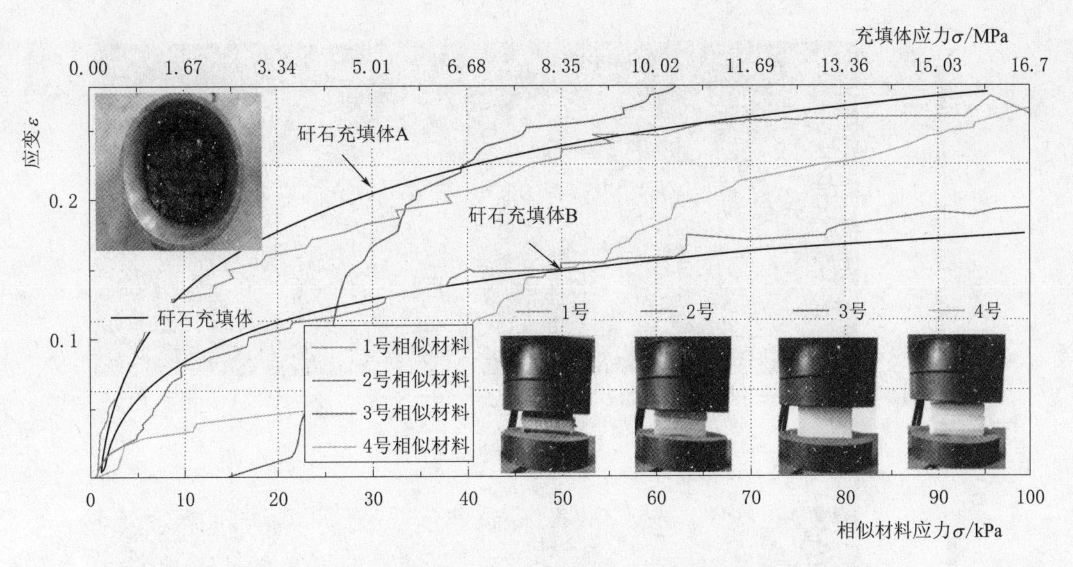

图 3.5 相似材料与固体充填体应变与应力曲线对比

3.2 协同综采面覆岩移动及其影响特征

本节研究充实率分别为55%、70%和85%条件下协同综采面覆岩变形规律、覆岩裂隙发育以及覆岩应力分布特征。

3.2.1 覆岩变形规律

在模型开挖和充填过程中，协同综采面覆岩发生整体变形，充填段和垮落段覆岩运动特征区别较大，不同充实率条件下协同综采面开采完毕后覆岩垂直位移云图如图3.6所示。

由图3.6分析可知以下几点：

(1) 不同充实率条件下协同综采面覆岩变形均呈现明显的区域性和非对称性特征。由于充填体限制了充填段覆岩下沉变形，整体变形以弯曲下沉为主，覆岩下沉量较小，覆岩移动较为缓和；垮落段覆岩变形剧烈，覆岩下沉量明显大于充填段。

(2) 充填段高位岩层和低位岩层垂直位移差值较小，而垮落段低位岩层垂直位移较大，高位岩层垂直位移较小，高低位岩层垂直位移差值梯度明显。说明充填段岩层离层发育不明显，垮落段离层发育较充分。

为了进一步分析协同综采面覆岩下沉规律及其充实率控制特征，本书利用Matchid2D软件导出不同充实率条件下覆岩基本顶下沉值，绘制协同综采面基本顶下沉曲线如图3.7所示。

将图3.7所示数据进一步整理分析，得到充实率影响覆岩移动特征数据见表3.5和图3.8。

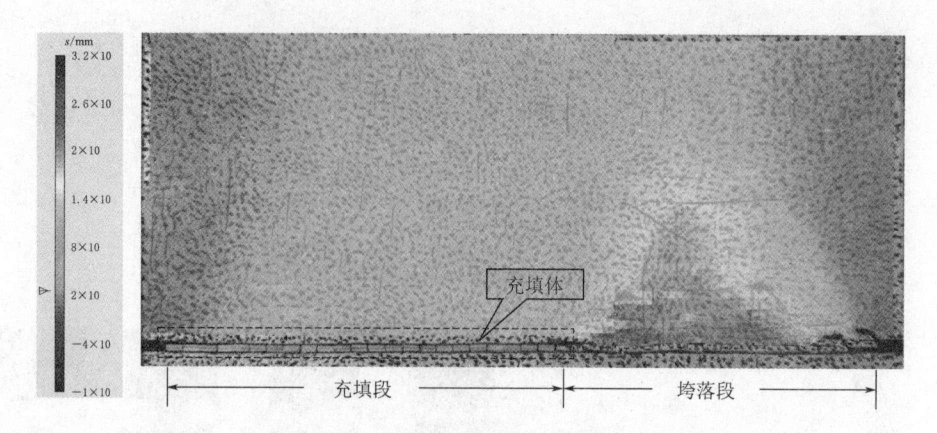

（a）55%充实率覆岩垂直位移云图

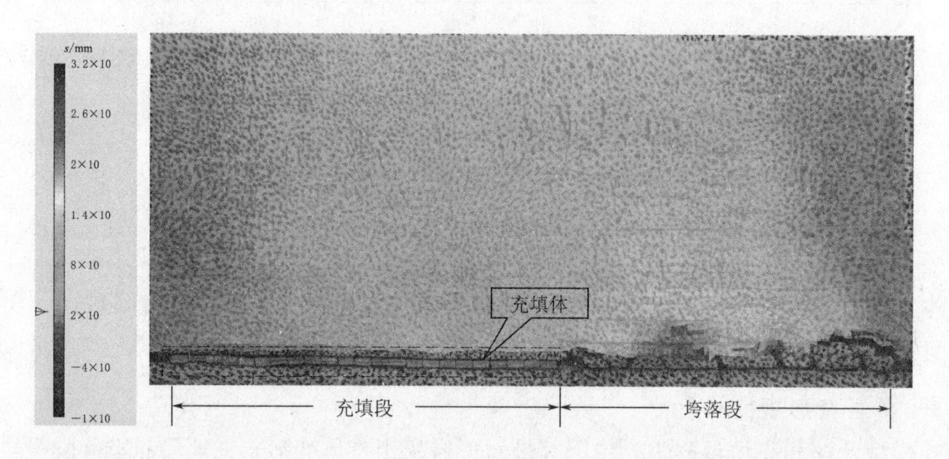

（b）70%充实率覆岩垂直位移云图

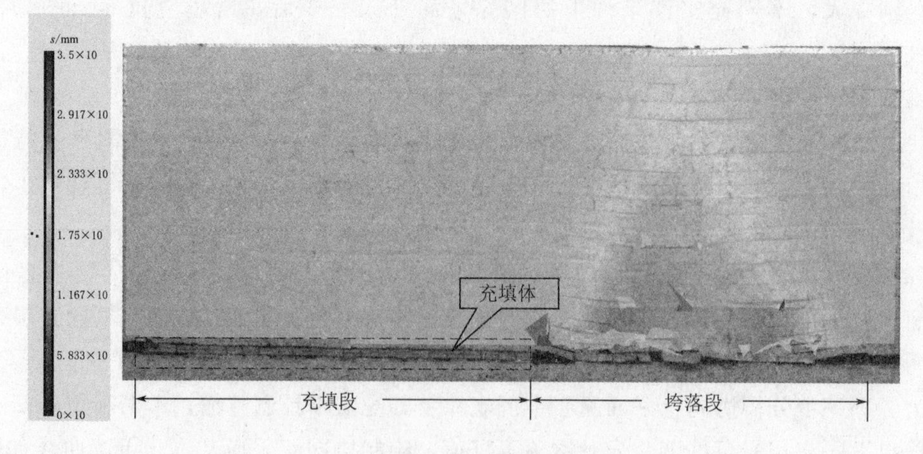

（c）85%充实率覆岩垂直位移云图

图3.6　不同充实率条件下覆岩垂直位移云图

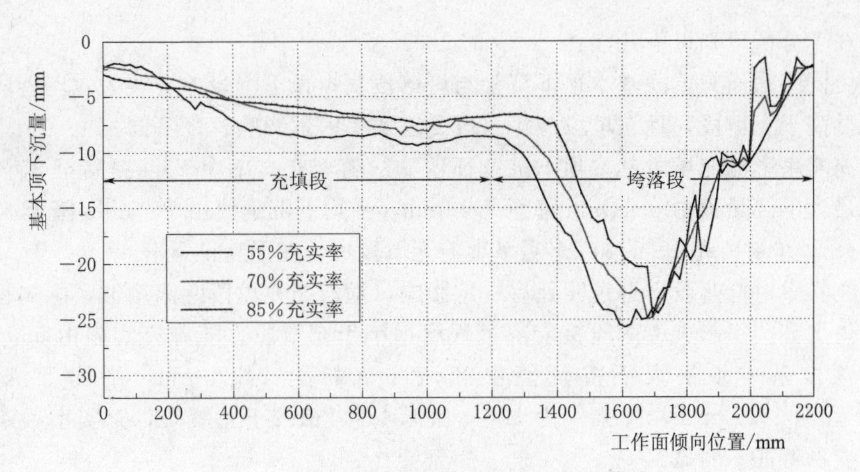

图 3.7 不同充实率条件下基本顶下沉曲线

表 3.5 不同充实率覆岩基本顶下沉数据汇总

充实率/%	充填段/mm		垮落段/mm		垮落段/充填段	
	最大值	平均值	最大值	平均值	最大值比值	平均值比值
55	9.41	7.05	25.71	14.77	2.73	2.09
70	8.32	6.64	24.93	14.32	2.97	2.15
85	7.49	5.71	24.75	14.12	3.31	2.47

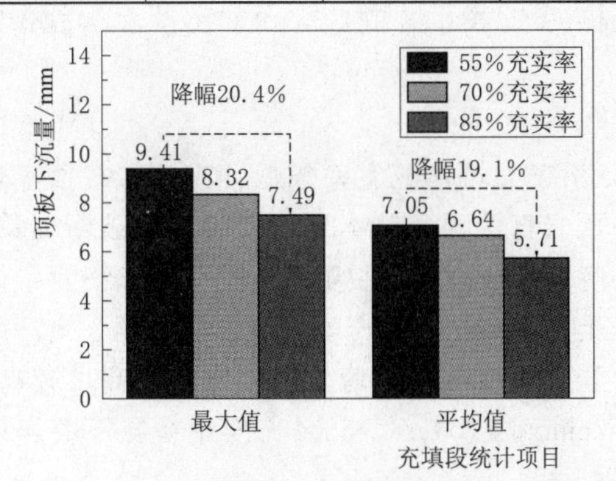

(a) 充填段影响特征

(b) 垮落段影响特征

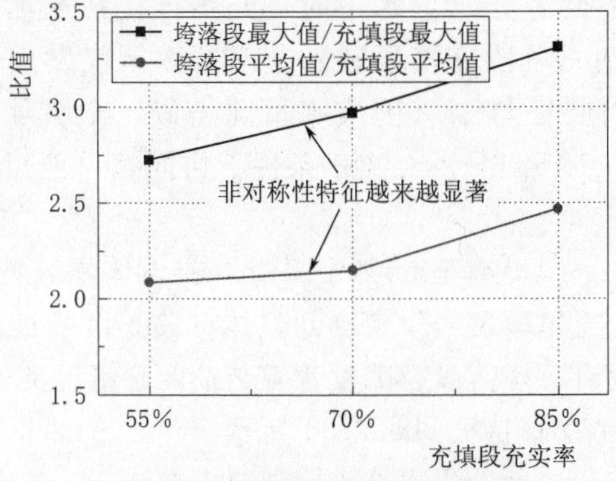

(c) 覆岩变形非对称性特征

图 3.8 充实率控制覆岩变形特征

由图3.8分析可知以下几点：

(1) 协同综采面充填段基本顶下沉量与垮落段基本顶下沉量差异较大，垮落段基本顶下沉量明显高于充填段，且充填段与垮落段受充实率因素影响程度不同。

(2) 充实率影响充填段基本顶下沉特征明显。随着充实率由55%提高至85%，充填段基本顶最大下沉量值由9.41mm降至7.49mm，平均下沉量值由7.05mm降至5.71mm，降幅分别高达20.4%和19.1%，充实率影响充填段覆岩变形特征显著。

(3) 充实率对垮落段靠近过渡处有一定影响，随着与充填段距离增加，影响程度越来越小，整体上充实率影响垮落段覆岩下沉程度远小于充填段。随着充实率由55%提高至85%，垮落段基本顶最大下沉量值由25.71mm降至24.75mm，平均下沉量值由14.77mm降至14.12mm，降幅仅为3.7%和4.4%，相较于充填段，充实率因素影响垮落段覆岩变形特征不明显。

(4) 随着充实率升高，垮落段顶板下沉最大值（平均值）与充填段顶板下沉最大值（平均值）比值逐渐增大，整个协同综采面倾向覆岩下沉表现出显著的非对称性特征，充实率越高，非对称性越显著。

3.2.2 覆岩裂隙发育特征

随着工作面的推进，覆岩应力重新分布，覆岩发生变形破坏，导致离层裂隙和纵向裂隙发育。覆岩裂隙场分布形态特征及其演化规律与卸压瓦斯抽采系统布置[156]、离层区注浆充填[157-159]及含水层下导水裂隙带高度预测[160-162]等工程问题密切相关。本小节分析协同综采面覆岩裂隙发育规律及影响特征。

1. 充实率影响特征分析

当充实率为55%时，如图3.9 (a) 所示，由于充填体充实率较低且充填未接顶量较大，随着倾向煤体开挖及充填体充填，沿倾向覆岩直接顶和基本顶均发生局部破断现象，但充填体占据了采空区空间，直接顶没有明显垮落特征。覆岩裂隙由下向上逐渐发育，低位离层随着上覆岩层的弯曲下沉逐渐闭合，但受充实率控制，充填段裂隙发育至一定高度后不再向上发展，随充填段充填而横向发育。与充填段相比，垮落段裂隙发育高度较高。充填段与垮落段裂隙最大发育高度分别为12.7cm和71.3cm，55%充实率情况下覆岩裂隙发育如图3.9所示。

随着充填段充实率提高至70%水平时，充填体接顶充填，充填体对覆岩下沉运动抑制作用增强，观测到充填段直接顶破断，但基本顶仅发生弯曲下沉，裂隙发育高度降低；垮落段裂隙发育特征与55%充实率情况类似，充填段与垮落段裂隙最大发育高度分别为9.2cm和69.2cm，70%充实率条件下协同综采面覆岩裂隙发育特征如图3.10所示。

随着充填段充实率继续提高至85%水平时，充填体承载特性较强，充填体对覆岩下沉运动抑制作用增强，充填段覆岩仅观测到整体弯曲下沉特征，未观测到岩层破断现象，仅低位少数采动裂隙发育。垮落段裂隙发育则与前两种情况类似，垮落段最大裂隙发育高度为66.8cm，具体裂隙发育特征如图3.11所示。

综合上述不同充实率条件下协同综采面裂隙发育特征，绘制充实率控制裂隙发育规律曲线，如图3.12所示。

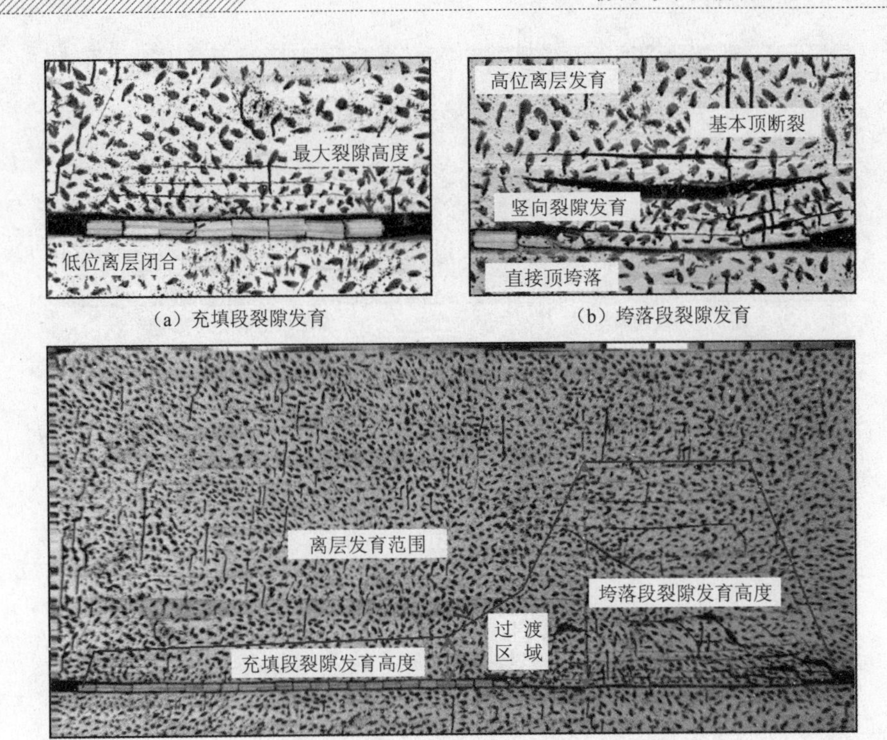

（a）充填段裂隙发育　（b）垮落段裂隙发育

（c）协同综采面离层发育范围

图 3.9　55%充实率条件下覆岩裂隙发育特征

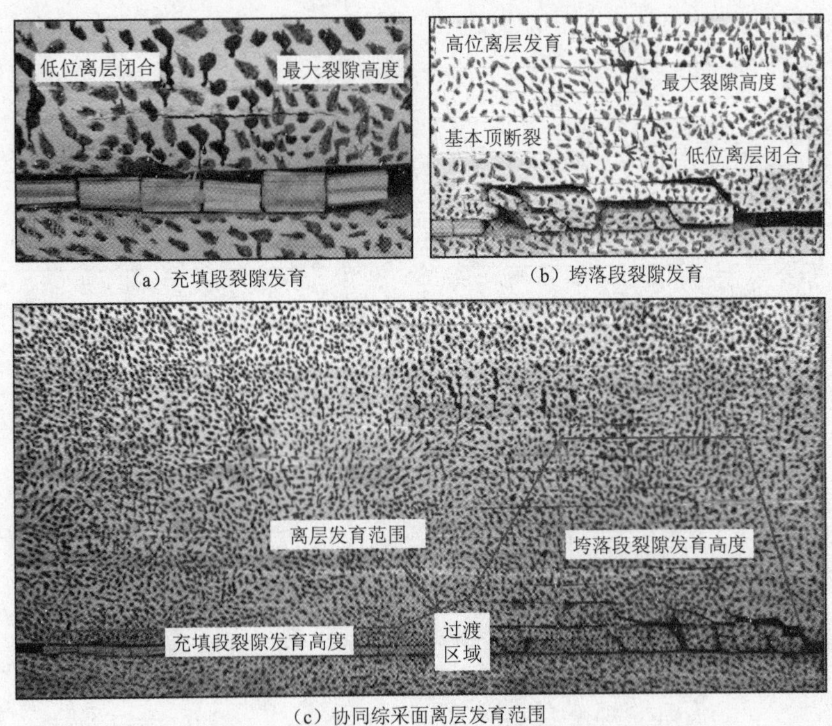

（a）充填段裂隙发育　（b）垮落段裂隙发育

（c）协同综采面离层发育范围

图 3.10　70%充实率条件下覆岩裂隙发育特征

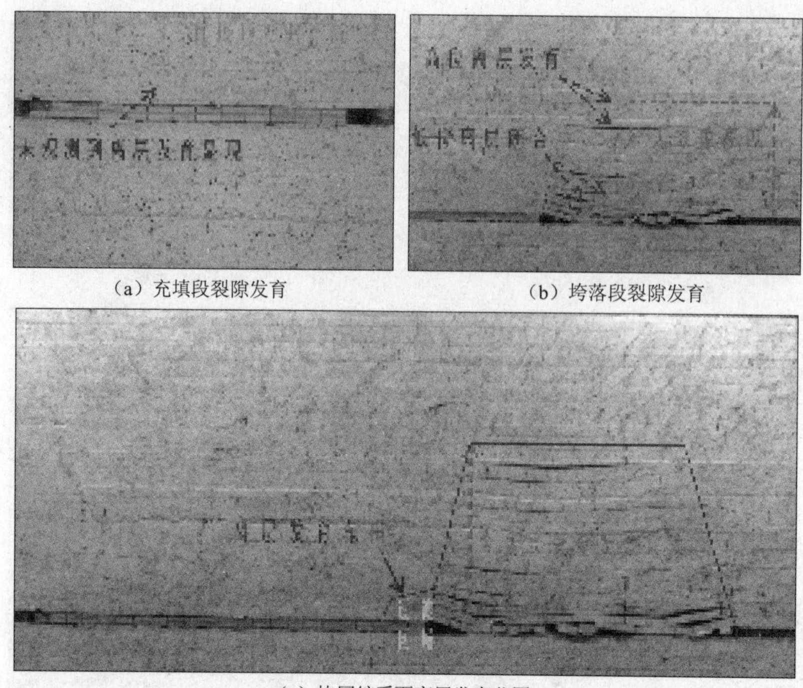

（a）充填段裂隙发育　　（b）垮落段裂隙发育

（c）协同综采面离层发育范围

图 3.11　85%充实率条件下覆岩裂隙发育特征

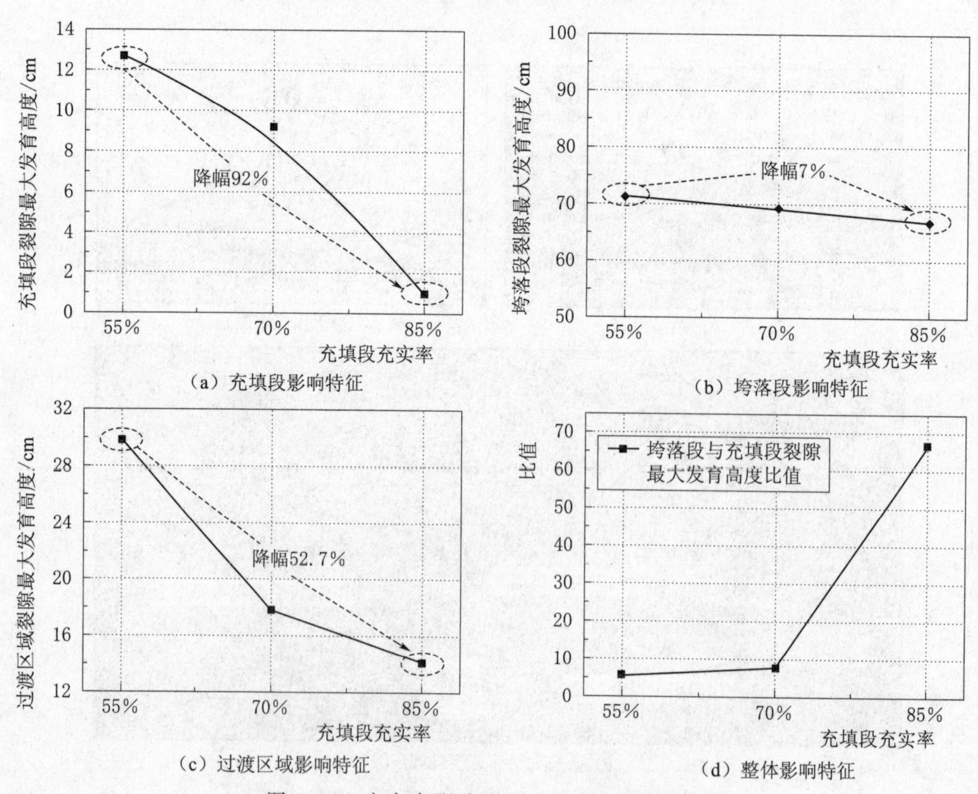

（a）充填段影响特征　　（b）垮落段影响特征

（c）过渡区域影响特征　　（d）整体影响特征

图 3.12　充实率影响覆岩裂隙发育特征规律

通过图 3.12 分析可知，充实率因素对协同综采面裂隙发育表现出下述特征：

(1) 协同综采面裂隙发育呈现显著的分段特征，其中垮落段裂隙发育高度较大，充填段较小，过渡区域裂隙发育高度处于二者之间。

(2) 随着充实率的增加，协同综采面各区域裂隙发育高度逐渐降低，但充填段、垮落段和过渡区域受充实率影响程度有所差异。

(3) 当充实率由 55%增高至 85%时，充填段裂隙最大发育高度由 12.7cm 降至不足 1cm，降幅高达 92%，分析原因为随着充填体充实率逐渐升高，充填体抗变形能力增强。当充实率提高至某一水平后，充填段覆岩变形仅呈现出弯曲下沉，而无离层和明显断裂现象发生。而垮落段最大离层发育高度由 71.3cm 降至 67.4cm，降幅仅为 7%左右；过渡区域裂隙发育高度由 29.8cm 降至 14.1cm，降幅为 52.7%。由此得出，充实率对协同综采面裂隙发育影响程度依次为：垮落段＞过渡区域＞充填段。

(4) 垮落段与充填段裂隙发育高度比值随充实率的升高而变大，且变化速率逐渐变快。

2. 垮落段长度影响裂隙发育特征

研究结果显示，充实率对垮落段覆岩裂隙和离层发育程度影响较小，分析认为垮落段裂隙和离层发育主要受垮落段参数影响，如采高、垮落段长度等。为了充分利用物理模拟方案，每个模型开挖过程中可进一步考察特定充实率条件下不同垮落段长度影响裂隙发育规律，研究思路如图 3.13 所示。

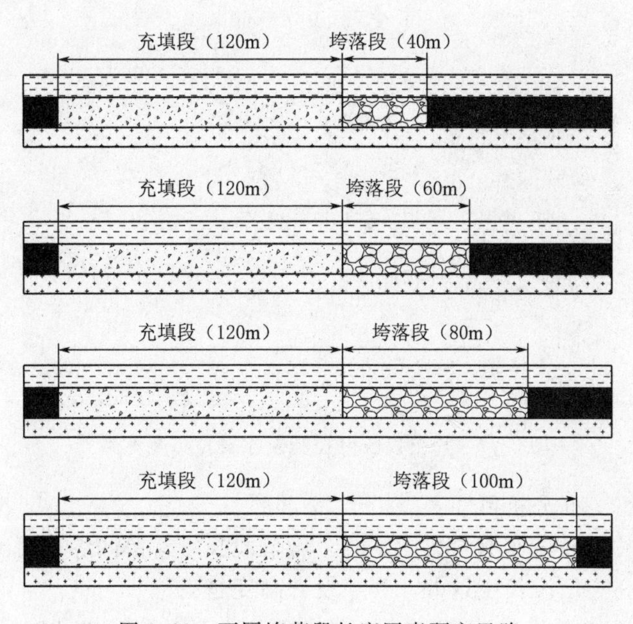

图 3.13　不同垮落段长度因素研究思路

研究以模型三为例，开采方案条件为 85%充实率，协同综采面原型充填段 120m 长度。不同垮落段长度情况下覆岩裂隙发育特征及影响特征曲线如图 3.14 和图 3.15 所示。

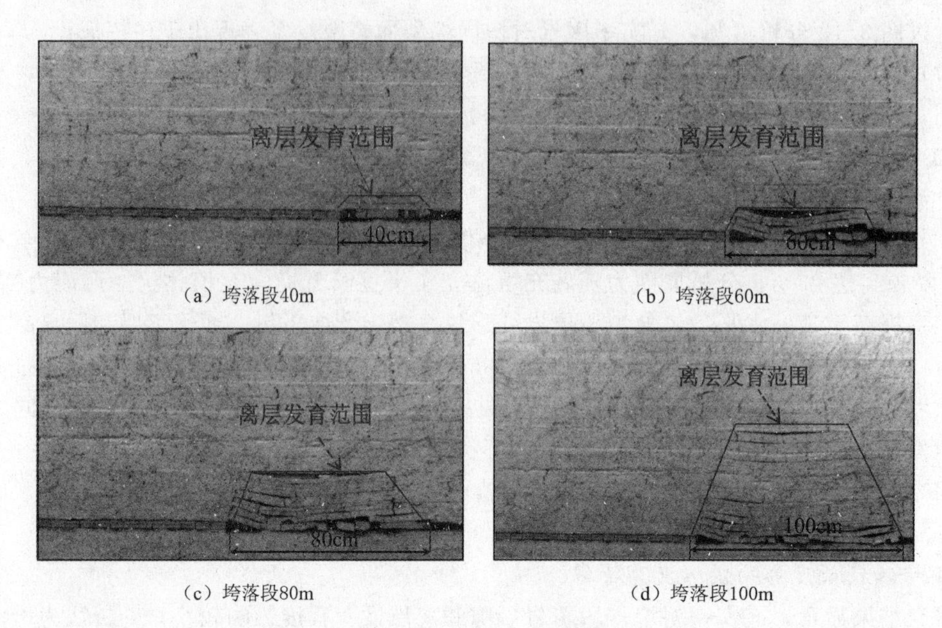

(a) 垮落段40m　(b) 垮落段60m

(c) 垮落段80m　(d) 垮落段100m

图 3.14　不同垮落段长度裂隙发育特征

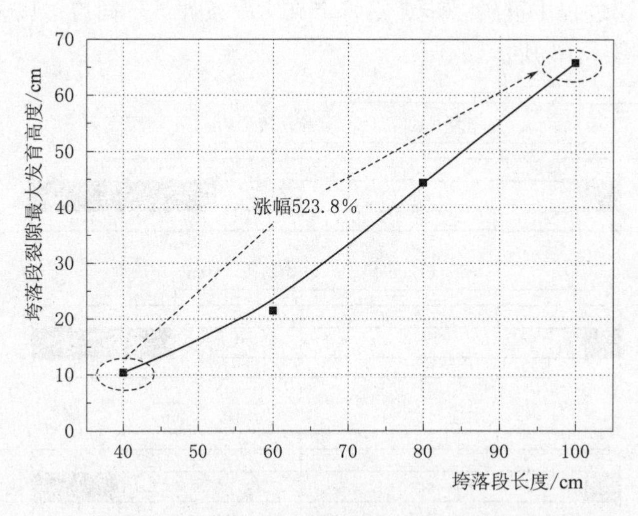

图 3.15　垮落段长度控制裂隙发育高度规律

由图 3.14 和图 3.15 分析可知：

(1) 当充填段长度和充实率参数固定时，垮落段长度对协同综采面覆岩裂隙发育最大高度影响特征显著，充填段长度越大，裂隙发育高度越高。

(2) 当垮落段长度分别为 40m、60m、80m、100m 时，对应裂隙最大发育高度分别为 10.5cm、21.5cm、44.5cm、65.5cm，增幅高达 523%，且随着垮落段长度增加，离层裂隙发育高度速度迅速增加。

3.2.3　覆岩应力分布规律

根据微型电阻应变式压力传感器记录数据，绘制不同充实率条件下协同综采面覆岩倾向应力分布规律曲线，如图 3.16 所示。

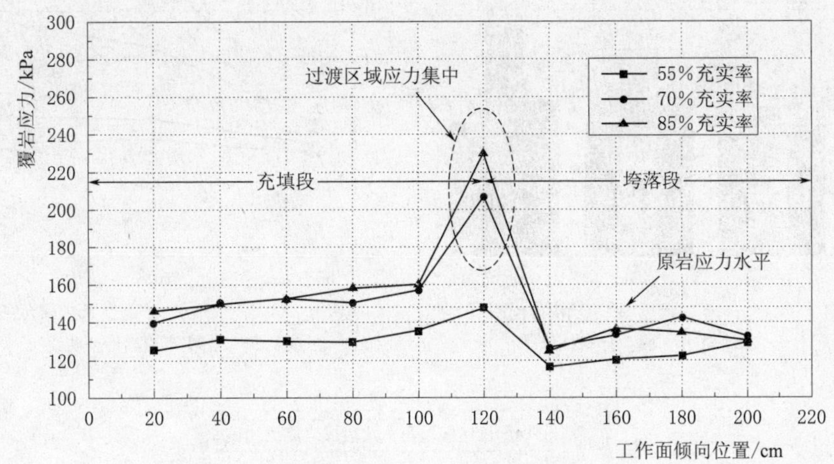

图 3.16 不同充实率条件下覆岩倾向应力分布

为了分析充实率影响覆岩应力分布特征，对图 3.15 中数据进行整理分析，汇总覆岩应力数据见表 3.6，绘制充实率影响覆岩应力分布规律如图 3.17 所示。

表 3.6 不同充实率条件下覆岩应力数据

充实率/%	充填段平均值/kPa	过渡区域峰值/kPa	垮落段平均值/kPa	过渡区域与充填段比值
55	130.43	147.82	122.05	1.13
70	149.93	206.89	133.60	1.38
85	153.56	229.84	131.74	1.50

注 过渡处测点应力值不参与充填段与垮落段均值计算。

由图 3.16 和图 3.17 分析可知：

（1）协同综采面覆岩基本顶应力分布呈现明显的区域性和非对称性特征，过渡区域应力最高，充填段次之，垮落段最低。过渡区域高应力影响范围有限，应力分布呈现快速过渡特征。

（2）随着充实率由 55%升至 85%水平，工作面应力分布区域性特征越来越明显，分析其原因为充实率逐渐升高，充填段充填体对顶板抑制作用逐渐增强，整个协同综采面由全断面垮落法向特征明显的部分充填部分垮落特征演化，导致工作面应力分布非对称性特征越来越明显。

（3）充实率变化对协同综采面各区域应力分布影响程度有所区别，当充实率由 55%增加至 85%水平时，过渡区域应力峰值由 147.82kPa 增加至 229.84kPa，增幅高达 55.5%；而同等条件下，充填段应力均值增幅为 17.7%，垮落段应力均值增幅仅为 7.9%。由此可见，充实率对过渡区域应力影响程度最强，充填段次之，对垮落段应力影响程度较小。

（4）过渡区域与充填段应力比值随着充实率升高而逐渐变大，说明充实率越高，过渡区域应力集中现象越显著，过渡液压支架工作阻力设计时应考虑该特征。

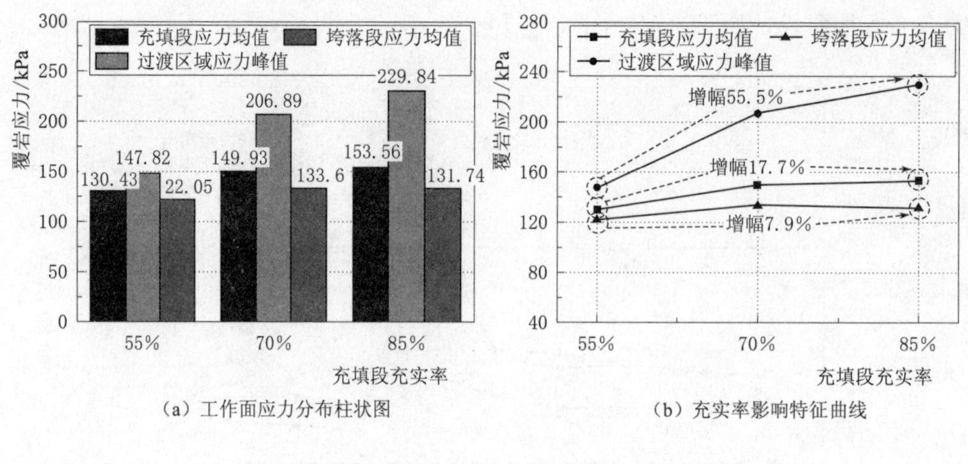

（a）工作面应力分布柱状图　　（b）充实率影响特征曲线

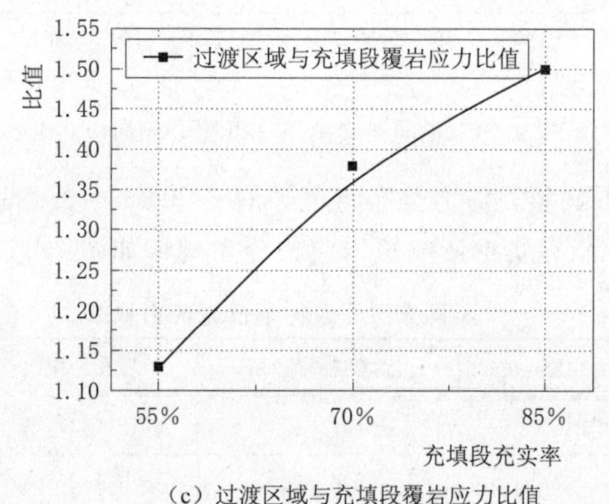

（c）过渡区域与充填段覆岩应力比值

图 3.17　充实率影响覆岩应力分布规律

3.3　协同综采面非对称性覆岩空间结构

本节基于上述研究结果，推断分析协同综采面采场覆岩空间结构特征，探索充实率因素变化对覆岩空间结构的影响特征，为采场支护设计提供参考。

3.2 节物理相似模拟结果表明，不同充实率条件下垮落段直接顶和基本顶均发生垮落和破断现象，充实率影响因素对于垮落段覆岩移动影响结果不明显，基本顶下沉量大致相同，主要是影响充填段覆岩变形和破坏特征，总体上充填段呈现裂隙带和弯曲下沉带“两带”发育结构，而垮落段呈现垮落带、裂隙带和弯曲下沉带“三带”结构，且垮落段裂隙发育高度远超充填体裂隙发育高度。不同充实率条件下协同综采面覆岩空间结构主要是充填段变化特征显著，以充填段覆岩空间结构表征和区分协同综采面覆岩空间结构。相应地，上述 3 种充实率状态下协同综采面分别对应下述三类覆岩空间结构。

1. 第一类覆岩空间结构：直接顶和基本顶均破断

自然落料时充填体松散且不接顶，充实率低。充填段直接顶和基本顶均存在足够的下沉运动空间，该种充实率条件下直接顶和基本顶相继发生破断，但不同于垮落段直接顶垮落-基本顶破断特征，充填段直接顶仅发生破断而不发生垮落。结合物理模拟观测结构分析协同综采面倾向覆岩空间结构呈现出明显的非对称性特征，其结构如图 3.18（a）所示；基于倾向覆岩破断规律，分析认为协同综采面垮落段直接顶垮落，基本顶沿走向发生周期性破断，相应地引起采场垮落段周期来压现象，垮落段走向覆岩空间结构如图 3.18（b）所示；而充填段因充填体占据采空区，直接顶破断后与倾向类似，整齐排列于充填体上方，但因为充实率较低，基本顶发生破断，当相比于垮落段破断步距较长，且充填段周期来压强度明显低于垮落段时，充填段走向覆岩空间结构如图 3.18（c）所示。

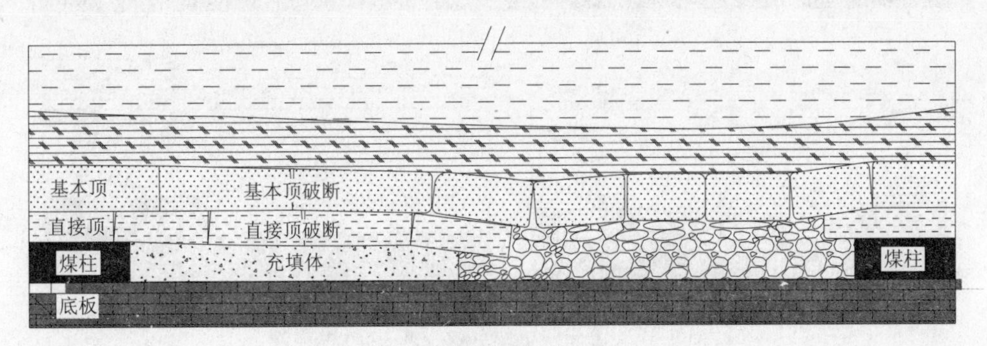

（a）覆岩倾向空间结构

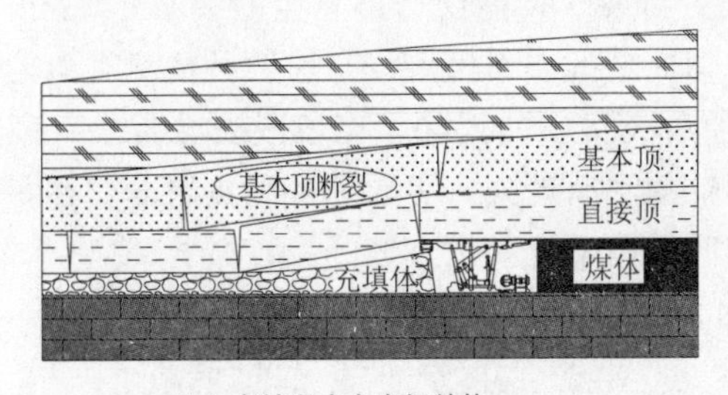

（b）充填段走向空间结构

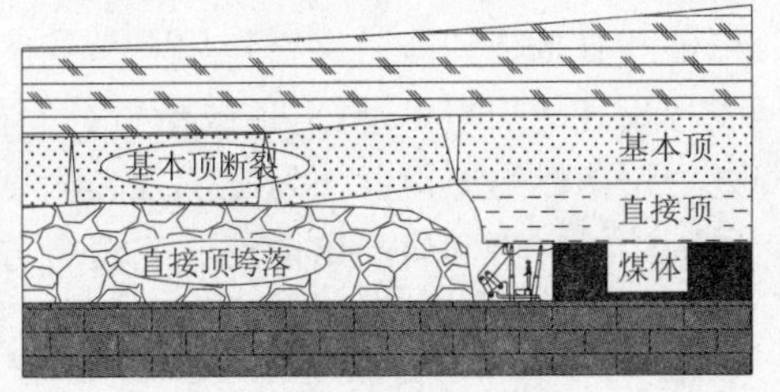

（c）垮落段走向空间结构

图 3.18　协同综采覆岩第一类空间结构

2. *第二类覆岩空间结构：直接顶破断-基本顶弯曲下沉*

充填体在夯实机构作用下实现接顶，随着同等充填空间条件下充填物料量增加，充填体承载性能随之提高。协同综采面沿倾向充填段直接顶达到断裂跨距之前，虽然充填体接顶但并没有收到矸石充填体的有效约束作用，直接顶发生断裂；基本顶在达到其断裂跨距之前受到下部断裂直接顶岩块和矸石充填体的共同支撑作用，基本顶不发生破断；垮落段依然表现出直接顶垮落-基本顶破断特征，协同综采面倾向非对称性覆岩空间结构如图 3.19（a）所示；基于倾向覆岩破断规律，分析认为协同综采面垮落段结构变化与第一类结构类似，如图 3.19（c）所示；而充填段基本顶不发生破断，相应地采场充填段沿走向没有明显的周期来压现象，充填段走向覆岩空间结构如图 3.19（b）所示。

3. *第三类覆岩空间结构：直接顶和基本顶均不破断*

当实施密实充填方案时，充填体充实率相较于前两种情况进一步提高，覆岩直接顶受到密实充填体的有效支撑，充填体对顶板的抑制作用不断加强。直接顶岩层在达到断裂极限跨距之前，其最大挠度已经受到采空区矸石充填体的有效支撑约束，顶板下沉空间有

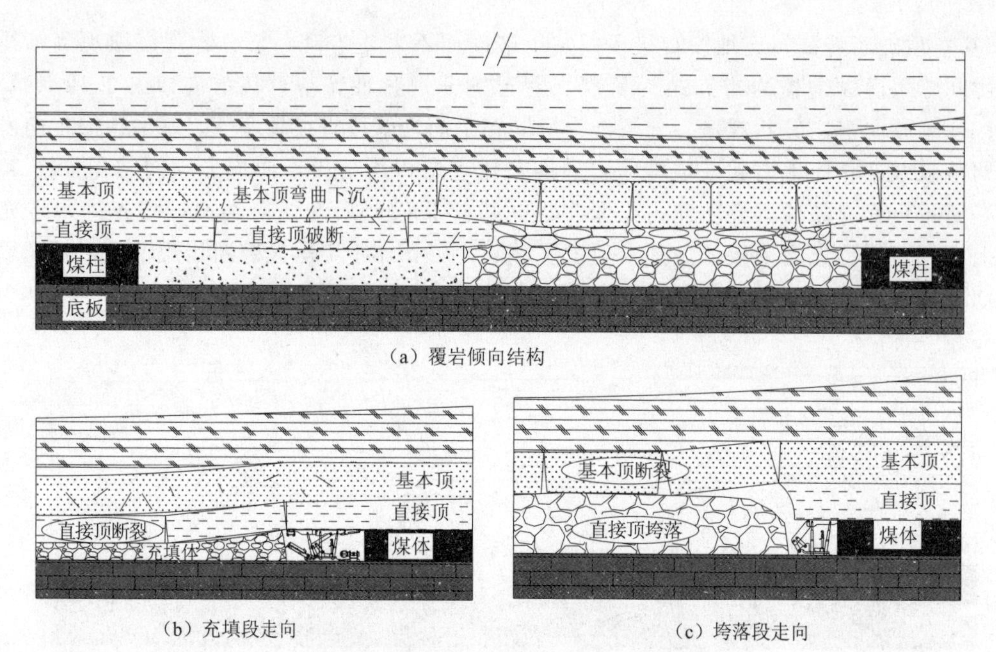

图 3.19　协同综采覆岩第二类空间结构

限。此种情况下直接顶仅发生弯曲下沉而不发生断裂（可能仅局部发生断裂）。基本顶在矸石充填体和直接顶的共同支撑作用下仅发生弯曲变形。而垮落段与前两种情况类似，覆岩变形表现出直接顶垮落-基本顶破断特征。随着充实率的提高，充填段裂隙带发育高度极大降低，垮落段与充填段覆岩裂隙发育高度比值不断加大，协同综采面覆岩非对称特征显著，协同综采面沿倾向和走向第三类覆岩空间结构示意如图 3.20 所示。

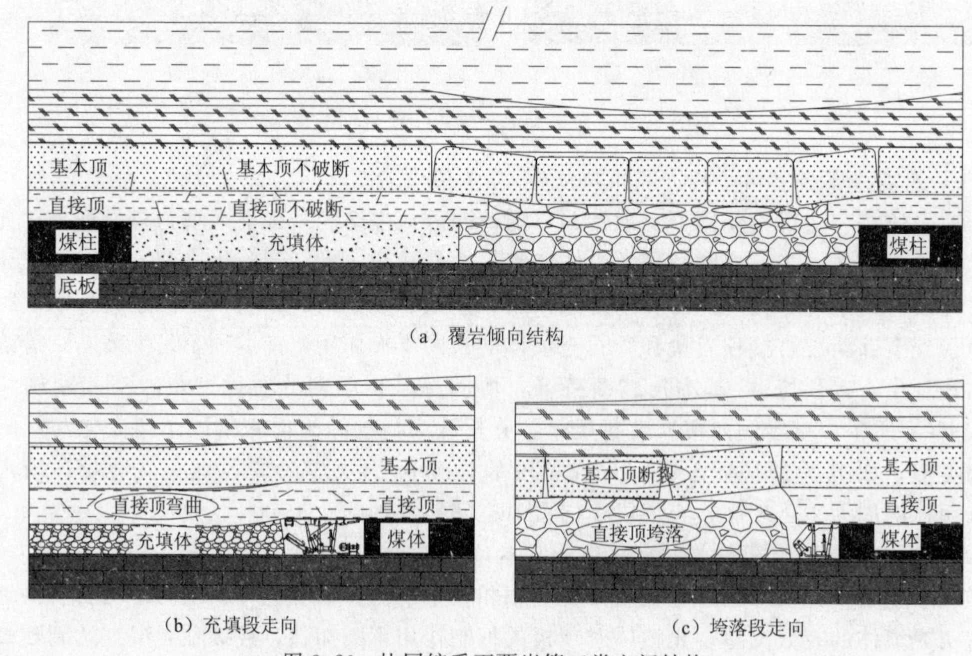

图 3.20　协同综采面覆岩第三类空间结构

第 4 章　协同综采面过渡区域覆岩稳定性与影响特征

第 3 章通过物理相似模拟方法分析了协同综采面覆岩移动规律和空间结构特征。研究表明，协同综采面充填段与垮落段之间的过渡区域覆岩移动和矿压显现较为特殊，本章将研究焦点聚焦于协同综采面过渡区域，分析过渡区域围岩结构及其形成机理，并建立过渡区域力学模型，分析过渡区域矿压显现规律及其影响特征。

4.1　过渡区域倾向砌体结构及其形成机理

协同综采面覆岩不仅不同层位顶板的运动形式不同，更主要的是同一层位的岩层因所处采场倾向位置不同而呈现出不同的运动形式。例如，覆岩直接顶岩层在垮落段处于垮落带，在充填段则处于裂隙带或弯曲下沉带；垮落段覆岩基本顶发生断裂，而充填段基本顶则可能断裂或仅发生整体弯曲下沉。物理模拟结构显示，充实率对协同综采面充填段覆岩移动影响显著，而对垮落段仅在过渡区域表现出一定程度的影响，且影响程度相对较弱。

协同综采面充填段和垮落段覆岩移动特征存在显著差异，不同充实率条件下表现出不同的覆岩空间结构，但无论基本顶在充填段破断与否，协同综采面过渡区域表现出相似的破断特征，即过渡区域基本顶在垮落段总因跨度增加到一定距离后发生破断，破断后表现出协同综采面特有的倾向砌体结构。该结构实拍图及示意图如图 4.1 所示。

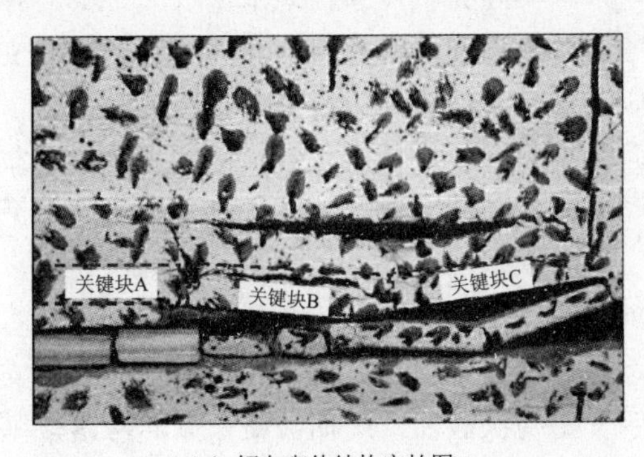

(a) 倾向砌体结构实拍图

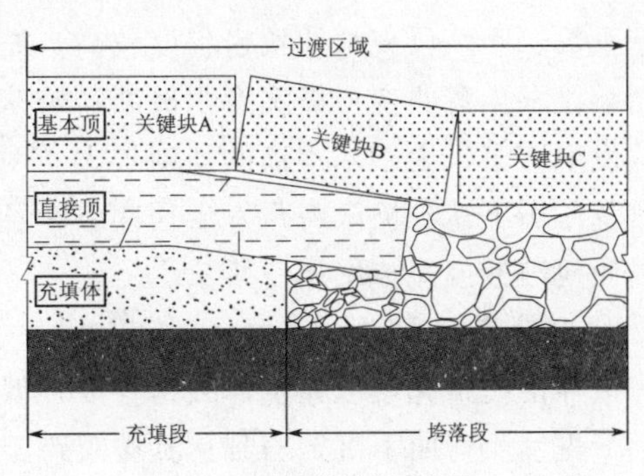

(b) 倾向砌体结构示意图

图 4.1　过渡区域倾向砌体结构

由图 4.1 分析可知，协同综采面过渡区域覆岩形成类似传统垮落法工作面走向砌体结构的倾向砌体结构，破断基本顶在过渡区域断裂后形成铰接岩块结构，其关键块 B 总是一端处于充填体边缘上方位置，另一端在垮落段垮落直接顶碎块上方。物理模拟应力监测过程中显示过渡区域基本顶断裂前和断裂时过渡处应力测点应力值突然上升，有明显的强矿压显现特征。分析认为，破断前充填段和垮落段是一个整体，充填段与过渡段相互影响。覆岩基本顶在过渡区域形成应力集中，随着过渡区域基本顶发生破断，破断后基本顶岩块相互铰接，充填段与垮落段相互影响作用减弱，该推理也很好地诠释了充填段充实率对垮落段影响范围和影响程度有限的本质原因。研究协同综采面过渡区域覆岩矿压影响范围，加强影响区域过渡支架支护强度，对于采场支护及安全生产至关重要。

4.2　协同综采面过渡区域矿压模型建立与求解

结合临界弹性地基系数理念，分析协同综采面沿倾向破断规律，建立相应协同综采面过渡区域矿压控制力学模型，分析过渡区域矿压显现规律及其影响特征。

4.2.1　覆岩倾向破断规律分析

研究表明，充填采煤采场覆岩基本顶破断特征由充填体致密程度控制。文献[74]提出通过临界弹性地基系数是充填采场覆岩运动最重要影响因素，当采场充填体实际弹性地基系数大于临界弹性地基系数时，覆岩基本顶不发生破断，仅变形出弯曲下沉；而小于临界充实率时覆岩基本顶发生周期性破断。文献[100]根据采场充填体弹性地基系数与临界弹性地基系数的关系，将采场充填状态分为致密充填与非致密充填两种情况。

协同综采面由于工作面充填段和垮落段长度都较长，均能达100m以上。整个协同综采面总长度达200m，随着采煤和移架作业，沿协同综采面倾向覆岩必然发生破断。物理模拟结果显示，不同充实率条件下覆岩呈现出不同的破断特征，充填段表现出破断或不破断。因此，本小节基于临界弹性地基系数理念，将协同综采面充填状态分为致密状态与非致密状态，不同状态下覆岩破断规律分为以下两类。

1. 致密状态

该种情况下通过夯实机构使充填体接顶，采场实际充填体弹性地基系数大于临界弹性地基系数。充填段充填体致密程度较高，充填段基本顶在致密充填体和直接顶的共同支撑作用下仅发生弯曲变形而不发生破断；垮落段采煤后支架移架后垮落段顶板逐渐暴露，直接顶发生垮落。由于基本顶的强度较大，因而基本顶继续呈悬露状态，基本顶在上覆载荷和自重作用下达到极限跨距发生初次破断及周期破断。综上所述，致密状态下协同综采面覆岩倾向破断规律如图4.2所示。

2. 非致密状态

该种情况下充填段充填体致密程度较低，充填段基本顶在充填体和直接顶的共同支撑作用下先发生弯曲下沉，当到达其极限跨距后发生初次破断及周期破断；倾向垮落段基本顶发生类似的初次破断与周期破断，但断裂步距不同。充填体非致密状态下协同综采面覆岩倾向破断规律如图4.3所示。

4.2.2　过渡区域局部弹性地基梁力学模型

协同综采面的最大特征是采空区部分充填与部分垮落顶板管理方式，充填段与垮落段相互影响，在过渡区域引起应力集中现象，应力集中程度及影响范围直接影响过渡区域支

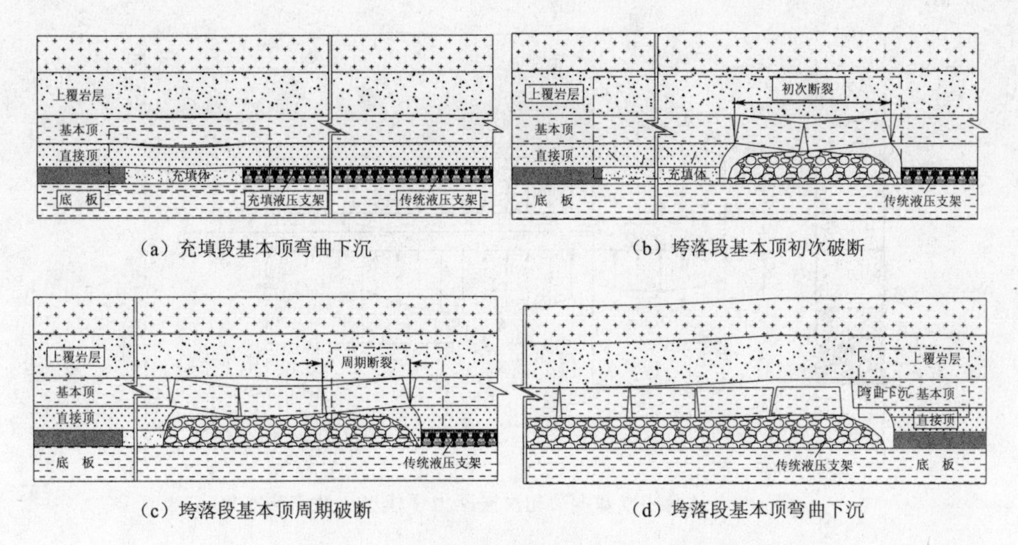

（a）充填段基本顶弯曲下沉　（b）垮落段基本顶初次破断

（c）垮落段基本顶周期破断　（d）垮落段基本顶弯曲下沉

图 4.2　覆岩倾向破断规律（致密状态）

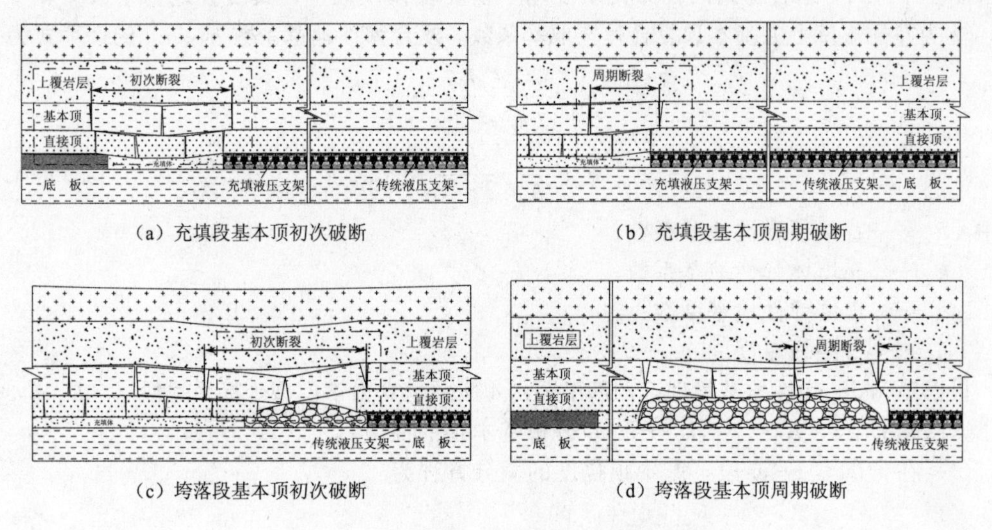

（a）充填段基本顶初次破断　（b）充填段基本顶周期破断

（c）垮落段基本顶初次破断　（d）垮落段基本顶周期破断

图 4.3　覆岩倾向破断规律（非致密状态）

架选择及支护参数设计。基于上述不同状态下协同综采面倾向破断规律，根据倾向垮落段初次破断前围岩结构，建立过渡区域破断前局部弹性地基力学模型，理论分析过渡区域应力分布及其影响特征。

1. 致密状态

根据图 4.2（b）所示的协同综采面垮落段初次破断前采场围岩结构特征，垮落侧未开采时支架能有效控制顶板下沉，视为简支边界。建立协同综采面过渡区域基本顶初次破断局部弹性地基梁力学模型如图 4.4 所示。

图中 h 为基本顶厚度；q_0 为原岩应力；q_c 为基本顶载荷集度；L_1 为充填侧侧向煤体支承应力影响范围；L_2 为工作面充填段长度；L_3 为工作面垮落段基本顶初次垮落长度（简

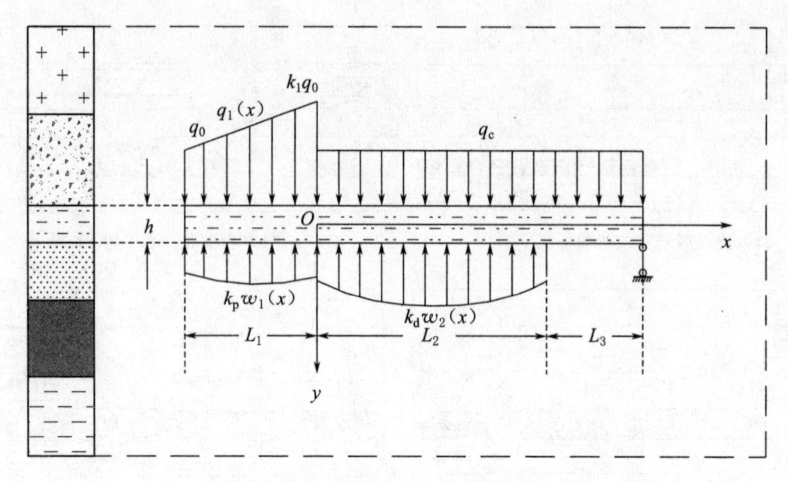

图 4.4　过渡区域基本顶初次破断力学模型（致密状态）

称垮落段长度）；k_1 为侧向煤体支承应力集中系数；充填段基本顶下方破断直接顶与充填体紧密接触，将二者组合体共同视为充填段基本顶复合弹性地基，其复合地基系数为 k_d；同理，k_p 为左侧煤壁上方基本顶复合弹性地基系数。复合弹性地基系数 k_d、k_p 的计算式为

$$k_d=\frac{k_zk_g}{h_zk_g+h_ck_z} \tag{4.1}$$

$$k_p=\frac{k_zk_m}{h_zk_m+Mk_z} \tag{4.2}$$

式中　k_z——直接顶弹性地基系数；

k_g——充填体弹性地基系数；

k_m——煤体弹性地基系数；

h_z——直接顶厚度。

根据 Winkler 弹性地基梁理论，基于图 4.4 所示建立力学模型坐标系逐段（$-L_1\leqslant x\leqslant 0$ 段、$0<x\leqslant L_2$ 段、$L_2<x\leqslant L_2+L_3$）分析基本顶的挠度：

（1）在 $-L_1\leqslant x\leqslant 0$ 段，基本顶挠度的微分方程为

$$EI\frac{\mathrm{d}^4w_1(x)}{\mathrm{d}x^4}=q_1(x)-k_pw_1(x) \tag{4.3}$$

式中　E——基本顶弹性模量。

左侧煤体上方基本顶载荷为

$$q_1(x)=\frac{(k_1-1)q_0}{L_1}x+k_1q_0 \tag{4.4}$$

特征系数取 $\alpha=\sqrt[4]{\frac{k_p}{4EI}}$。

可得 $-L_1\leqslant x\leqslant 0$ 段基本顶挠度方程为

$$w_1(x)=\mathrm{e}^{-\alpha x}[A_1\cos(\alpha x)+B_1\sin(\alpha x)]+\mathrm{e}^{\alpha x}[C_1\cos(\alpha x)+D_1\sin(\alpha x)]+\frac{q_1(x)}{k_p} \tag{4.5}$$

在 $x \to -\infty$ 极限时，基本顶的下沉量为一定值，由于左端煤体较长，因而可将顶梁当作半无限梁，此时，$A_1=0$、$B_1=0$，式（4.5）则可简化为

$$w_1(x)=\mathrm{e}^{\alpha x}[C_1\cos(\alpha x)+D_1\sin(\alpha x)]+\frac{q_1(x)}{k_p} \tag{4.6}$$

（2）在 $0<x\leqslant L_2$ 段，充填段基本顶的挠度微分方程为

$$EI\frac{\mathrm{d}^4 w_2(x)}{\mathrm{d}x^4}=q_c-k_d w_2(x) \tag{4.7}$$

令特征系数取 $\beta=\sqrt[4]{\dfrac{k_d}{4EI}}$。

可得 $0<x\leqslant L_2$ 段顶梁的挠度为

$$w_2(x)=\mathrm{e}^{-\beta x}[A_2\cos(\beta x)+B_2\sin(\beta x)]+\mathrm{e}^{\beta x}[C_2\cos(\beta x)+D_2\sin(\beta x)]+\frac{q_c}{k_d} \tag{4.8}$$

（3）在 $L_2<x\leqslant L_2+L_3$ 段基本顶挠度的微分方程为

$$EI\frac{\mathrm{d}^4 w_3(x)}{\mathrm{d}x^4}=q_c \tag{4.9}$$

可得 $L_2<x\leqslant L_2+L_3$ 段顶梁的挠度方程为

$$w_3(x)=\frac{k_3 q_0 x^4}{24EI}+\frac{A_3 x^3}{6}+\frac{B_3 x^2}{2}+C_3 x+D_3 \tag{4.10}$$

由于顶梁任意截面的转角 $\theta(x)$、弯矩 $M(x)$ 以及剪力 $Q(x)$ 与挠度 $w(x)$ 满足

$$\left.\begin{aligned}\theta(x)&=\frac{\mathrm{d}w(x)}{\mathrm{d}x}\\ M(x)&=-EI\frac{\mathrm{d}w^2(x)}{\mathrm{d}x^2}\\ Q(x)&=-EI\frac{\mathrm{d}w^3(x)}{\mathrm{d}x^3}\end{aligned}\right\} \tag{4.11}$$

由顶梁各段之间的连续性条件，可得

$$\left.\begin{aligned}&w_1(0)=w_2(0)\\ &\theta_1(0)=\theta_2(0)\\ &M_1(0)=M_2(0)\\ &Q_1(0)=Q_2(0)\\ &w_2(L_2)=w_3(L_2)\\ &\theta_2(L_2)=\theta_3(L_2)\\ &M_2(L_2)=M_3(L_2)\\ &Q_2(L_2)=Q_3(L_2)\\ &w_3(L_2+L_3)=0\\ &M_3(L_2+L_3)=0\end{aligned}\right\} \tag{4.12}$$

由式（4.12），代入具体的工程参数，可解得各段参数 C_1、D_1、A_2、B_2、C_2、D_2、A_3、B_3、C_3、D_3 值，求出挠度方程，并由此可得到顶梁各处的挠度及应力大小，具体计算利用 Maple 等软件实现。

2. 非致密状态

根据图 4.3（c）所示协同综采面垮落段初次破断前采场围岩结构特征，建立协同综采面过渡区域基本顶初次断裂力学模型如图 4.5 所示。

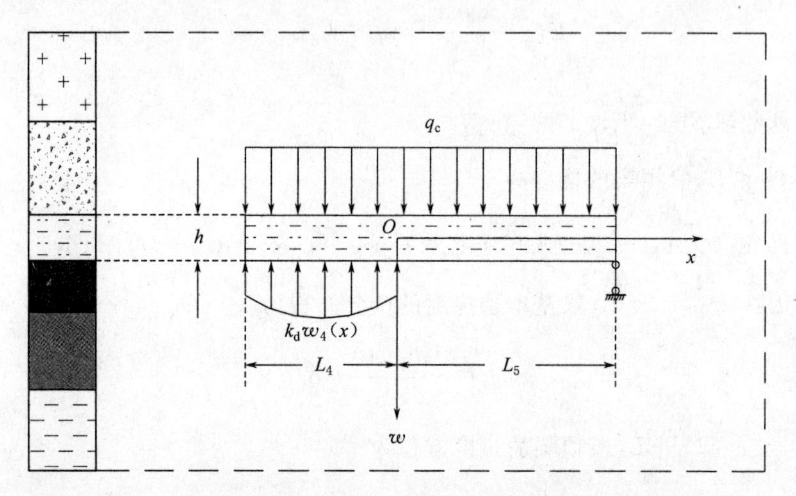

图 4.5　过渡区域基本顶初次断裂力学模型（非致密状态）

图中 L_4 为工作面倾向充填段基本顶周期破断数次后剩余破断长度（简称充填段剩余长度），L_5 为工作面倾向垮落段初次破断前长度（与 L_3 相同）。根据 Winkler 弹性地基梁理论，基于图 4.5 建立力学模型坐标系逐段分析基本顶的挠度。

（1）在 $-L_4 \leqslant x < 0$ 段，基本顶挠度的微分方程为

$$EI\frac{\mathrm{d}^4 w_4(x)}{\mathrm{d}x^4} = q_c - k_d w_4(x) \tag{4.13}$$

令特征系数取 $\beta=\sqrt[4]{\frac{k_d}{4EI}}$。可得 $-L_4 \leqslant x < 0$ 段基本顶的挠度为

$$w_4(x) = \mathrm{e}^{-\beta x}[A_4\cos(\beta x) + B_4\sin(\beta x)] + \mathrm{e}^{\beta x}[C_4\cos(\beta x) + D_4\sin(\beta x)] + \frac{q_c}{k_d} \tag{4.14}$$

（2）在 $0 \leqslant x < L_5$ 段，基本顶挠度的微分方程为

$$EI\frac{\mathrm{d}^4 w_4(x)}{\mathrm{d}x^4} = q_c \tag{4.15}$$

可得 $0 \leqslant x < L_5$ 段顶梁的挠度为

$$w_5(x) = \frac{q_c x^4}{24EI} + \frac{A_5 x^3}{6} + \frac{B_5 x^2}{2} + C_5 x + D_5 \tag{4.16}$$

由顶梁各段之间的连续性条件，可得

$$
\left.\begin{array}{l}
Q_4(-L_4)=0 \\
M_4(-L_4)=0 \\
w_4(0)=w_5(0) \\
\theta_4(0)=\theta_5(0) \\
M_4(0)=M_5(0) \\
Q_4(0)=Q_5(0) \\
w_5(L_5)=0 \\
M_5(L_5)=0
\end{array}\right\} \tag{4.17}
$$

由式（4.17），代入具体的工程参数，可解得各段参数 A_4、B_4、C_4、D_4、A_5、B_5、C_5、D_5 值，并由此可得到顶梁各处的挠度及应力大小。

4.3 过渡区域矿压显现影响特征分析

本节基于上述力学模型，分析充填段长度、垮落段长度及充填体弹性地基系数因素对过渡区域矿压显现控制特征。

4.3.1 临界弹性地基系数求解

由 4.2 节分析可知，不同弹性地基系数情况下过渡区域矿压显现分析力学模型差异较大。故研究前提是确定采场充填段临界弹性地基系数。充填段临界弹性地基系数力学模型如图 4.6 所示。

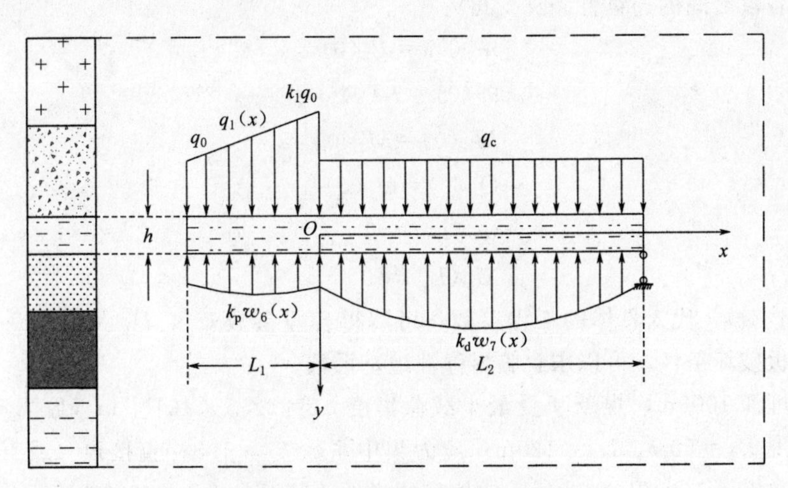

图 4.6 临界弹性地基系数力学模型

基于图 4.6 建立力学模型坐标系逐段分析基本顶的挠度。

(1) 在 $-L_1 \leqslant x \leqslant 0$ 段，基本顶挠度的微分方程为

$$
EI\frac{\mathrm{d}^4 w_6(x)}{\mathrm{d}x^4}=q_1(x)-k_p w_6(x) \tag{4.18}
$$

左侧煤体上方基本顶载荷为

$$q_1(x)=\frac{(k_1-1)q_0}{L_1}x+k_1 q_0 \tag{4.19}$$

特征系数取 $\alpha=\sqrt[4]{\frac{k_p}{4EI}}$。

可得 $-L_1 \leqslant x \leqslant 0$ 段基本顶挠度方程为

$$w_6(x)=e^{-\alpha x}[A_6\cos(\alpha x)+B_6\sin(\alpha x)]+e^{\alpha x}[C_6\cos(\alpha x)+D_6\sin(\alpha x)]+\frac{q_1(x)}{k_p} \tag{4.20}$$

在 $x\to-\infty$ 极限时基本顶的下沉量为一定值，由于左端煤体较长，因而可将顶梁当作半无限梁，此时，$A_6=0$、$B_6=0$，式（4.20）则可简化为

$$w_6(x)=e^{\alpha x}[C_6\cos(\alpha x)+D_6\sin(\alpha x)]+\frac{q_1(x)}{k_p} \tag{4.21}$$

（2）在 $0<x\leqslant L_2$ 段，基本顶的挠度微分方程为

$$EI\frac{d^4 w_7(x)}{dx^4}=q_c-k_d w_7(x) \tag{4.22}$$

令特征系数取 $\beta=\sqrt[4]{\frac{k_d}{4EI}}$。可得 $0<x\leqslant L_2$ 段顶梁的挠度方程为

$$w_7(x)=e^{-\beta x}[A_7\cos(\beta x)+B_7\sin(\beta x)]+e^{\beta x}[C_7\cos(\beta x)+D_7\sin(\beta x)]+\frac{q_c}{k_d} \tag{4.23}$$

由顶梁各段之间的连续性条件，可得

$$\left.\begin{aligned} w_6(0)&=w_7(0)\\ \theta_6(0)&=\theta_7(0)\\ M_6(0)&=M_7(0)\\ Q_6(0)&=Q_7(0)\\ w_7(L_2)&=0\\ M_7(L_2)&=0 \end{aligned}\right\} \tag{4.24}$$

由式（4.24），代入具体的工程参数，可解得各段参数 C_6、D_6、A_7、B_7、C_7、D_7 值。根据顶板破坏条件，可以求解临界弹性地基系数。

取煤层埋深 1000m，煤壁所受最小载荷集度 $q_0=22.5\times10^6$N/m（原岩应力水平）；左侧煤壁长度 $L_1=50$m、$L_2=120$m；应力集中系数 $k_1=1.8$；直接顶（或直接顶碎块）弹性地基系数 $k_z=1.0\times10^9$N/m³；实体煤的弹性地基系数 $k_m=2\times10^8$N/m³；基本顶弹性模量 $E=5$GPa；采空区上覆顶板载荷集度 $q_c=8\times10^6$N/m。

若取充填段基本顶岩层许用拉应力 $[\sigma]=8$MPa，充填段基本顶破断的临界条件为

$$\left.\begin{aligned} \sigma&=\frac{Mh}{2I_z}\leqslant[\sigma]\\ I_z&=\frac{bh^3}{12} \end{aligned}\right\} \tag{4.25}$$

式中，$h=6.5\mathrm{m}$、$b=1\mathrm{m}$。代入具体参数，得到充填段基本顶破断的极限弯矩为$5.6333\times10^{7}\mathrm{N\cdot m}$。

由分析可知，充填段基本顶弯矩受原岩应力、应力集中系数、充填体长度、基本顶弹性模量等一系列因素共同控制。当具体工程条件确定后，即给定其他参数，充填体弹性地基系数直接影响基本顶破断状态。联立式（4.18）～式（4.25），代入上述相关参数。通过迭代弹性地基系数k_g值，计算得出充填体弹性地基系数，取$104\times10^{6}\mathrm{N/m^3}$时，充填段基本顶弯矩最大值为$5.633\times10^{7}\mathrm{N\cdot m}$，基本顶弯矩分布曲线如图4.7所示。

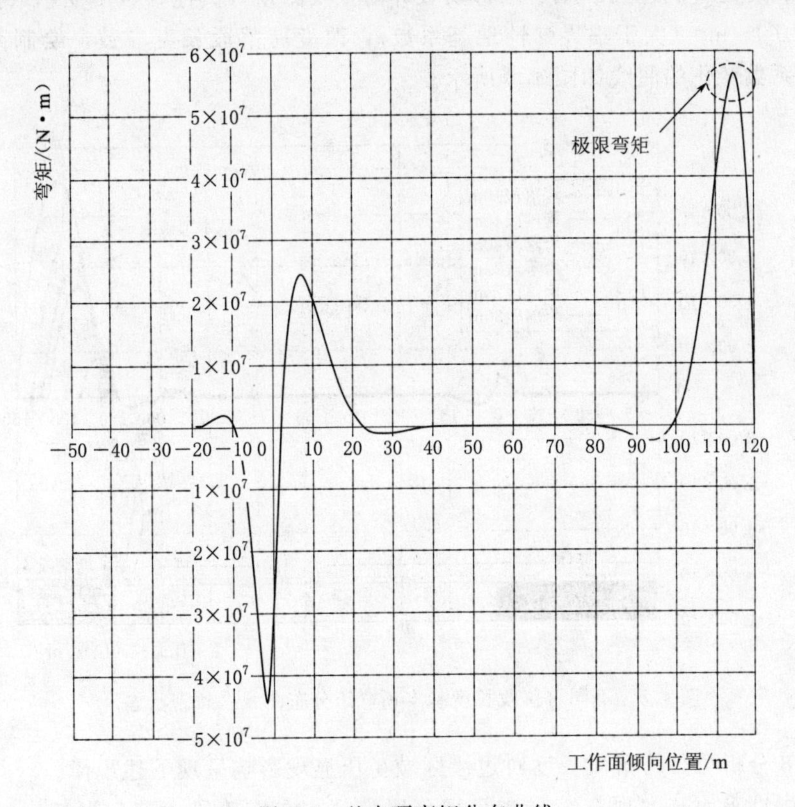

图4.7 基本顶弯矩分布曲线

由分析可知，当充填体临界弹性地基系数为$104\times10^{6}\mathrm{N/m^3}$时，方程各段参数$C_6$、$D_6$、$A_7$、$B_7$、$C_7$、$D_7$值见式（4.26），即

$$\left.\begin{aligned}C_6&=0.1133079950\times10^{-1}\\D_6&=0.0003626346\times10^{-1}\\A_7&=-0.446702775\times10^{-1}\\B_7&=-0.140447799\times10^{-1}\\C_7&=-8.056444111\times10^{-10}\\D_7&=7.2157996511\times10^{-10}\end{aligned}\right\}\tag{4.26}$$

当充填体弹性地基系数大于或小于$104\times10^{6}\mathrm{N/m^3}$时，研究协同综采过渡区域岩层破断特征时分别利用图4.4和图4.5所示的力学模型进行分析。

4.3.2　致密状态影响特征

当充填体弹性地基系数大于 104×10^6 N/m³ 时，充填段基本顶不发生破断，顶板变形以弯曲下沉为主，研究协同综采过渡区域岩层破断特征时利用图 4.4 所示的力学模型进行分析；本节研究垮落段长度、充填体弹性地基系数及充填段长度对致密状态下协同综采面过渡区域矿压显现影响特征。

1. 垮落段长度影响特征分析

垮落段长度是影响过渡区域岩层移动破坏的主要因素，其他参数不变，取弹性地基系数为 105×10^6 N/m³（大于临界弹性地基系数），改变垮落段长度参数，绘制基本顶弯矩随弹性地基系数变化的曲线如图 4.8 所示。

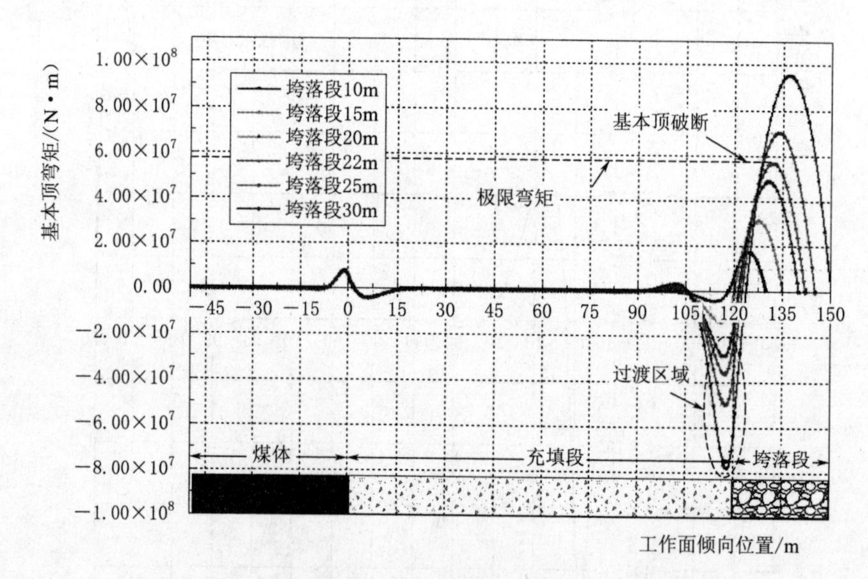

图 4.8　不同垮落段长度基本顶弯矩分布曲线（致密状态）

由图 4.8 分析可得垮落段长度对过渡区域矿压显现影响呈现下述规律。

(1) 协同综采面基本顶弯矩分布呈现分段特征，在垮落段中部和过渡区域弯矩值较大，说明上述区域矿压显现比较强烈。

(2) 基本顶最大弯矩值处于垮落段中间位置附近，基本顶先在垮落段中部破断。随着垮落段长度由 10m 逐渐增加至 30m，垮落段基本顶最大弯矩值逐渐增大，不同垮落段长度弯矩最大值分布规律如图 4.9 (a) 所示。当垮落段长度为 22.1m 时，基本顶最大弯矩为 5.633×10^7 N·m，说明基本顶在该处发生破断。

(3) 过渡区域有弯矩局部集中特征，弯矩最大值处于过渡处偏充填侧。随着垮落段长度增加，过渡区域弯矩最大值点逐渐向过渡处靠近，不同垮落段长度条件下过渡区域弯矩最大值位置变化曲线如图 4.9 (b) 所示。当垮落段长度为 22.1m 时，破断前过渡区域最大弯矩值点距离边界 2.88m，分析认为过渡区域该点矿压显现最强烈。

2. 弹性地基系数影响特征分析

分析充填体弹性地基系数对基本顶弯矩影响特征，其他参数不变，取垮落段长度为

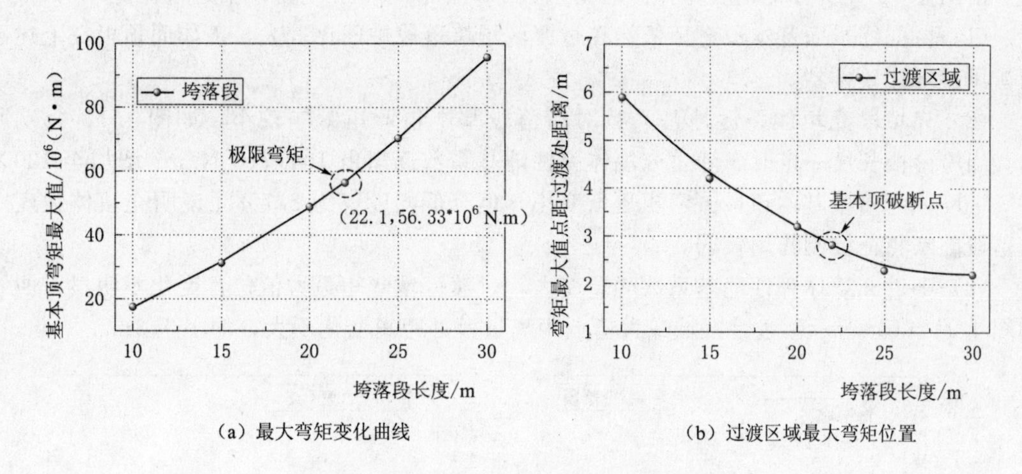

(a) 最大弯矩变化曲线　　(b) 过渡区域最大弯矩位置

图 4.9　垮落段长度影响特征（致密状态）

22.1m（极限破断长度），分别取不同弹性地基系数，分析基本顶弯矩变化特征，绘制不同充填段长度条件下基本顶弯矩随弹性地基系数变化的曲线如图 4.10 所示。充填体弹性地基系数 k_g 与充填段复合弹性地基系数 k_d 关系见表 4.1。

表 4.1　　k_d 与 k_g 对应关系

参数	单位	值									
k_d	10^8N/m^3	0.6	0.7	0.8	0.9	1.0	1.1	1.2	1.3	1.4	1.5
k_g	10^6N/m^3	75.0	82.4	88.9	94.7	100.0	104.7	109.1	113.0	116.6	120

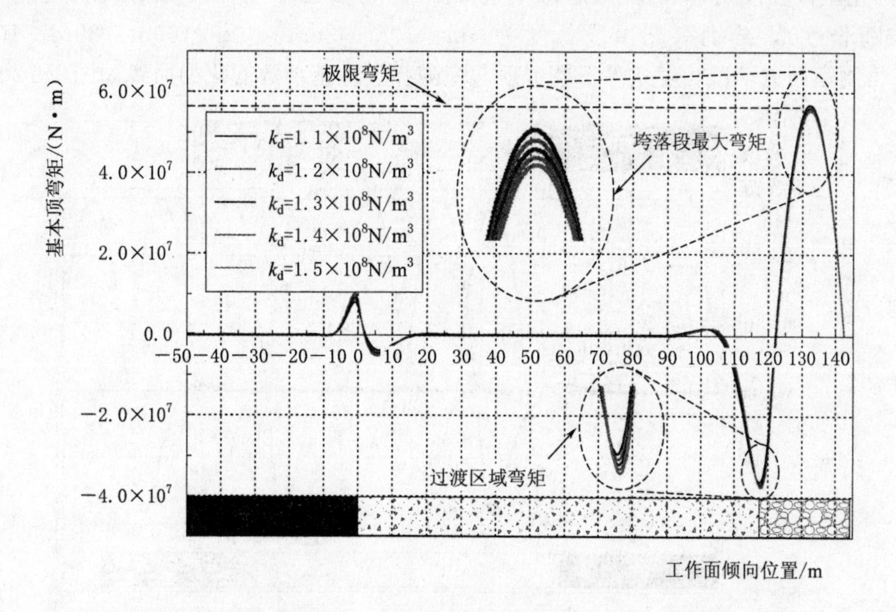

图 4.10　不同弹性地基系数基本顶弯矩分布曲线（致密状态）

由图 4.10 分析可得充填体弹性地基系数对基本顶弯矩影响呈现下述规律。

(1) 协同综采面基本顶弯矩依然在过渡区域垮落段中间比较大，工作面顶板在上述区域矿压显现比较剧烈。

(2) 充填段充填体弹性地基系数对垮落段基本顶弯矩影响较小，如图 4.11 (a) 所示，当垮落段长度一定时，随着充填体弹性地基系数逐渐由 $104\times10^6 N/m^3$ 增加至 $120\times10^6 N/m^3$，垮落段基本顶最大弯矩逐渐变小，但降低幅度仅为 2.7%。说明充填体强度对垮落段破断特征控制作用较弱。

(3) 随着充填体弹性地基系数逐渐变大，过渡区域弯矩最大值位置变化不明显，曲线如图 4.11 (b) 所示。过渡区域最大值点距离过渡处距离变化不大，均小于 3m。

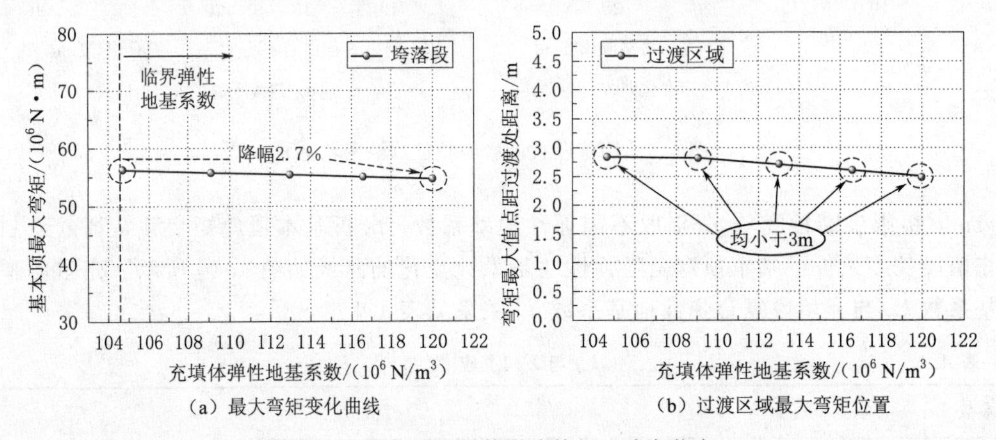

(a) 最大弯矩变化曲线　　(b) 过渡区域最大弯矩位置

图 4.11　弹性地基系数影响特征（致密状态）

3. 充填段长度影响特征分析

分析充填段长度对基本顶弯矩影响特征，其他参数不变，取垮落段长度为 22.1m (极限破断长度)，分别取充填段长度为 5m、10m、20m、40m、60m、80m、100m 和 120m，绘制不同充填段长度条件下基本顶弯矩随弹性地基系数变化的曲线如图 4.12 所示。

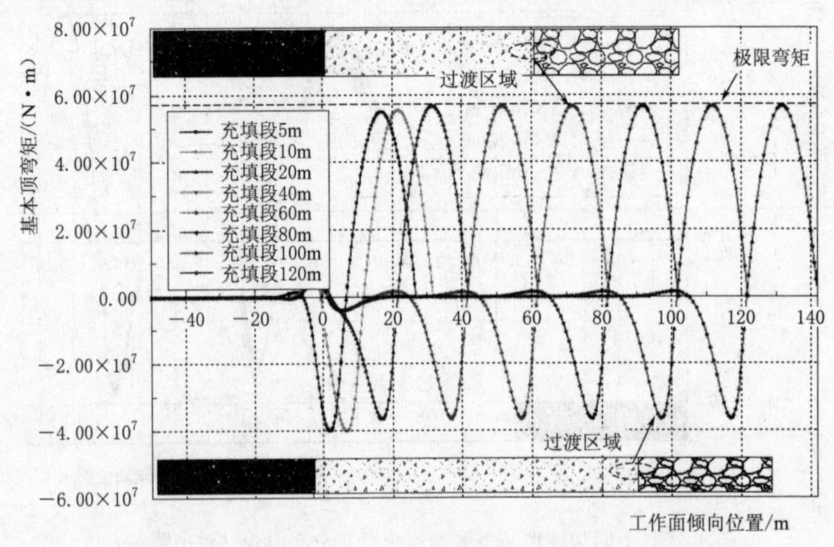

图 4.12　不同充填段长度基本顶弯矩分布曲线（致密状态）

由图 4.12 分析可得充填段长度对基本顶弯矩影响呈现下述规律。

(1) 协同综采面基本顶弯矩分布依然呈现分段特征，在垮落段中部和过渡区域矿压显现比较强烈。

(2) 研究结果表明，充填段长度对基本顶弯矩影响较小。如图 4.13 (a) 所示，当垮落段长度一定时，不同充填段长度条件下垮落段基本顶最大弯矩基本不变，均达到基本顶极限弯矩 (5.6333×10^7N·m)，垮落段均发生破断，只有当充填段长度特别小时，垮落段基本顶最大弯矩有微小的降低。

(3) 过渡区域有弯矩局部集中特征，不同充填段长度条件下过渡区域弯矩最大值位置变化曲线如图 4.13 (b) 所示，过渡区域最大值点距离过渡处距离变化不大，均小于 3m。

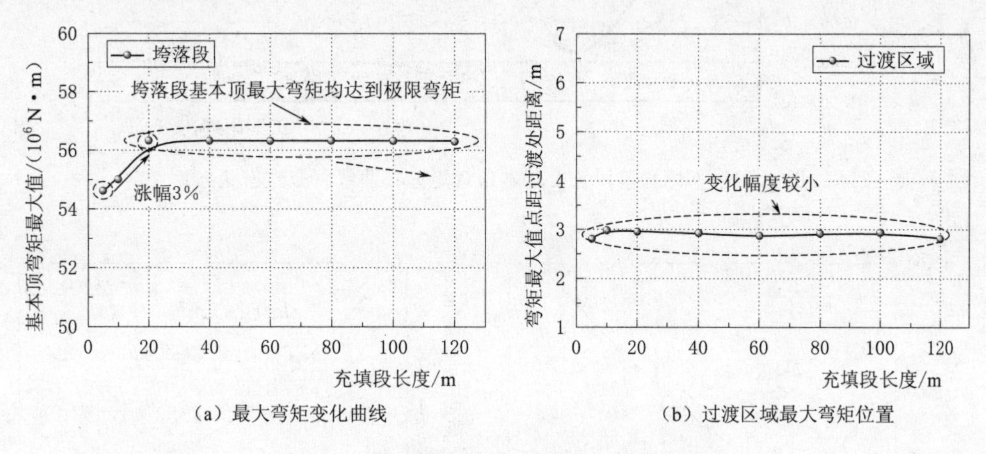

(a) 最大弯矩变化曲线　　(b) 过渡区域最大弯矩位置

图 4.13　充填段长度影响特征（致密状态）

4.3.3 非致密状态影响特征

当充填体弹性地基系数小于 104×10^6N/m^3 时，充填段基本顶不发生破断，基于图 4.5 所示的力学模型，同样分析垮落段长度、充填段充填体弹性地基系数及充填段长度对非致密状态下协同综采面过渡区域矿压显现影响特征。

1. 垮落段长度影响特征分析

其他参数不变，取弹性地基系数为 100×10^6N/m^3（小于临界弹性地基系数），改变垮落段长度参数，绘制垮落段长度影响基本顶弯矩变化特征如图 4.14 和图 4.15 所示。

由图 4.14 和图 4.15 分析可得，充填段充填体非致密情况下垮落段长度对基本顶弯矩影响呈现下述规律。

(1) 协同综采面基本顶弯矩分布呈现分区域特征，在过渡区域和垮落段中部弯矩集中现象，垮落段长度对基本顶弯矩控制特征显著。

(2) 随着垮落段长度由 10m 逐渐增加至 30m，垮落段基本顶最大弯矩值由 18.24×10^6N·m 增加至 96.95×10^6N·m，弯矩变化速度越来越快，且弯矩最大值均处于垮落段中部区域；当垮落段长度为 21.6m 时，基本顶最大弯矩为 5.633×10^7N·m，说明基本顶在该处发生破断。

(3) 随着垮落段长度增加，过渡区域弯矩集中现象越来越明显。随着垮落段长度由

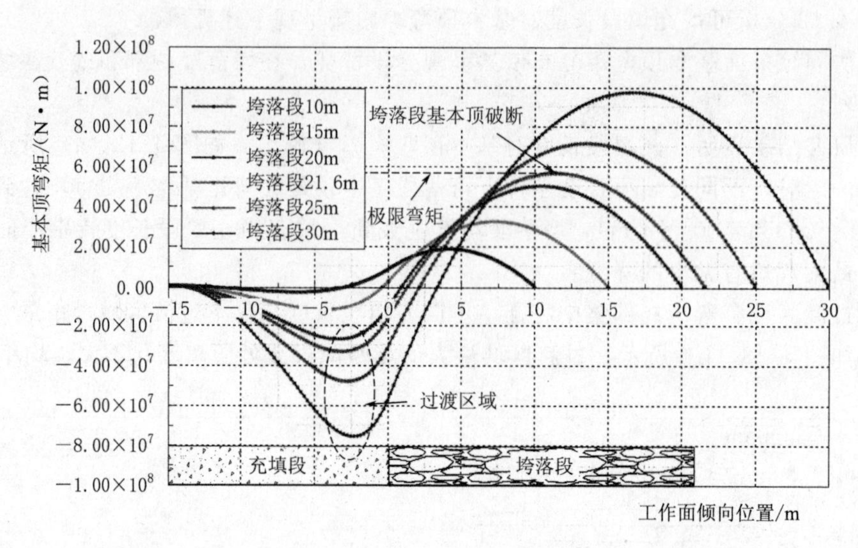

图 4.14　不同垮落段长度基本顶弯矩分布曲线（非致密状态）

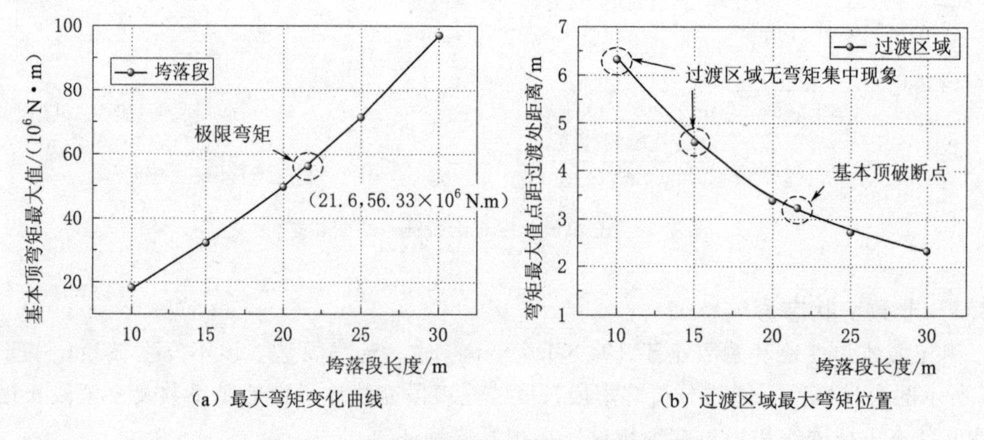

图 4.15　垮落段长度影响特征（非致密状态）

10m 逐渐增加至 30m，过渡区域最大值点逐渐向过渡处靠近，由 6.32m 变化至 2.33m，但变化速度越来越慢；当垮落段长度为 21.6m 时，垮落段基本顶发生破断，破断前充填段最大弯矩点距离边界 3.22m。

2. 弹性地基系数影响特征分析

其他参数不变，取充填段长度为 15m，垮落段长度为 21.6m。改变弹性地基系数参数，绘制弹性地基系数因素影响基本顶弯矩变化特征及规律如图 4.16 和图 4.17 所示。

由图 4.16 和图 4.17 分析可得非致密状态下充填体弹性地基系数对基本顶弯矩影响呈现下述规律。

(1) 协同综采面基本顶弯矩依然在过渡区域垮落段中间比较大，工作面顶板在上述区域矿压显现比较剧烈。

(2) 充填段充填体弹性地基系数对基本顶弯矩影响较小，如图 4.17 (a) 所示，当其

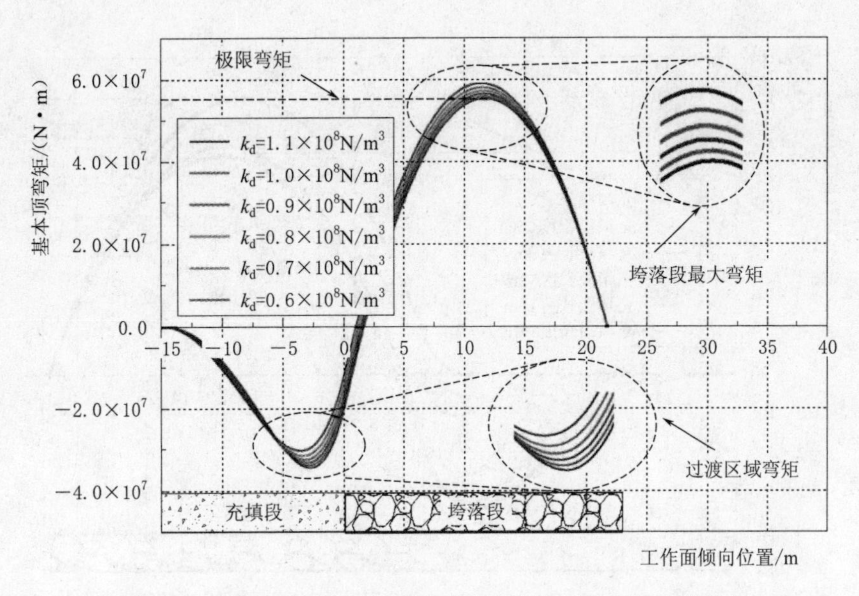

图 4.16 不同弹性地基系数基本顶弯矩分布曲线（非致密状态）

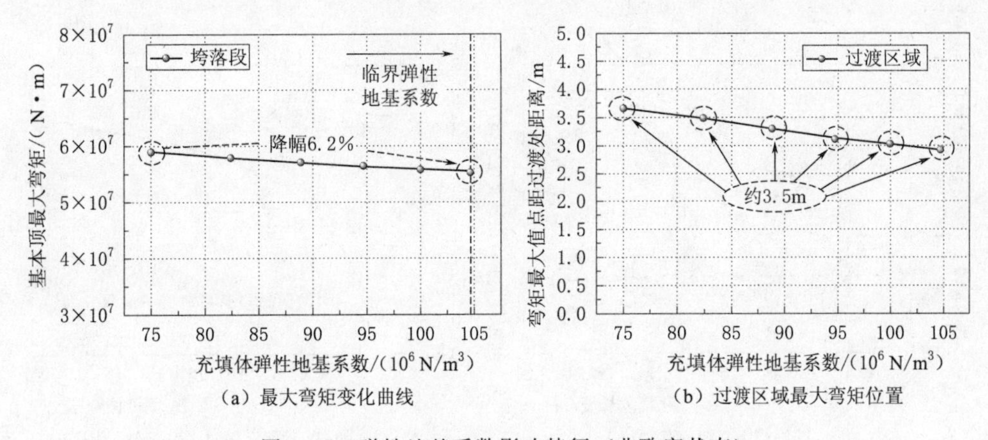

（a）最大弯矩变化曲线　　（b）过渡区域最大弯矩位置

图 4.17 弹性地基系数影响特征（非致密状态）

他工程参数一定时，随着充填体弹性地基系数逐渐由 $75\times10^6\mathrm{N/m^3}$ 增加至 $104.7\times10^6\mathrm{N/m^3}$（临界弹性地基系数），垮落段基本顶最大弯矩逐渐变小，但降低幅度仅为 6.2%。说明非致密状态下充填体强度对垮落段破断特征控制作用较弱。

（3）过渡区域有弯矩局部集中特征，随着充填体弹性地基系数逐渐变大，过渡区域弯矩最大值位置变化不明显，曲线如图 4.17（b）所示。过渡区域最大值点距离过渡处距离变化不大，仅 3.5m 左右。

3. 充填段长度影响特征分析

在其他工程参数不变的情况下，改变充填段长度（3～18m），分析充填段长度对过渡区域矿压显现影响规律。

由图 4.18 和图 4.19 分析可得充填段长度对基本顶弯矩影响呈现下述规律：

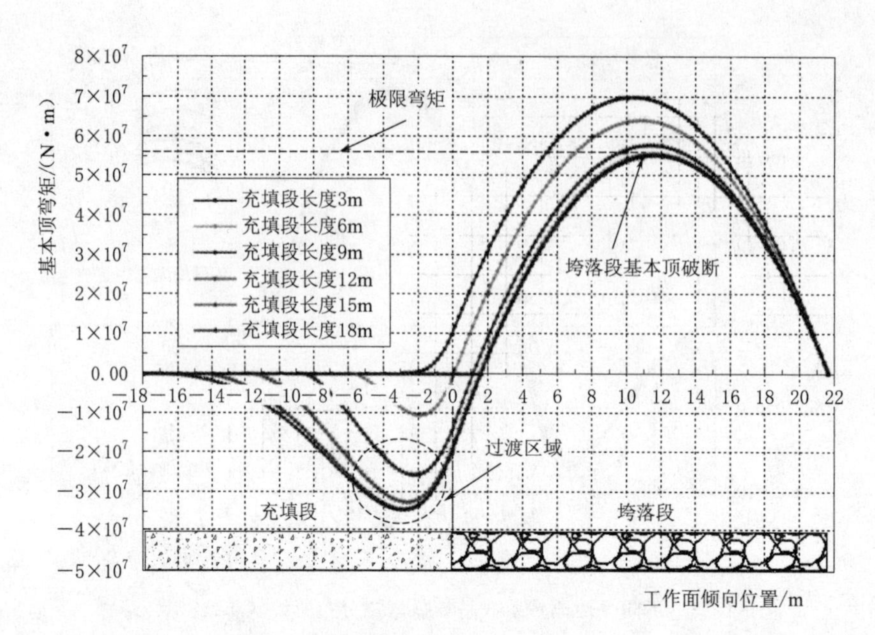

图 4.18　不同充填段长度基本顶弯矩分布曲线（非致密状态）

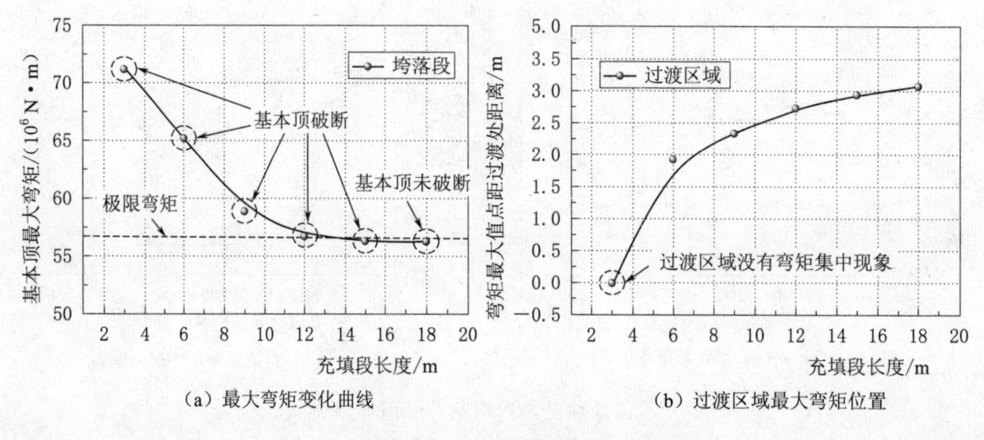

（a）最大弯矩变化曲线　　（b）过渡区域最大弯矩位置

图 4.19　充填段长度影响特征（非致密状态）

（1）协同综采面基本顶弯矩分布依然在垮落段中部和过渡区域弯矩值较大，说明上述区域矿压显现比较强烈。

（2）如图 4.19（a）所示，充填段长度对基本顶弯矩影响显著。随着充填段长度由 3m 逐渐增加至 18m，基本顶最大弯矩逐渐减小，但变化速度逐渐变慢。结合协同综采面充填段倾向初次破断和周期破断特征，分析认为非致密状态剩余充填体长度有限（小于周期破断距），故工程参数设计时无法有效延长该距离。

（3）当充填段长度较小时，过渡区域没有弯矩集中现象。但随着充填段长度变化，过渡区域覆岩基本顶弯矩集中现象越来越显著，随着充填段长度增加，过渡区域最大弯矩值位置距离过渡处距离变大，但变化范围有限，同样因为难以有效延迟充填段长度，不同充填段长度条件下过渡区域覆岩弯矩集中范围仅 3.5m 左右。

4.3.4 过渡区域影响范围

无论在致密状态还是非致密状态下，随着垮落段长度的增加，协同综采面沿倾向在过渡区域基本顶均会发生破断（除垮落段长度极短情况下，实际工程中不会出现该情况）。过渡区域覆岩基本顶弯矩最大值位置处于垮落段中部，但同时在过渡区域靠充填段附件引起弯矩集中现象，采场该区域矿压显现相对剧烈，协同综采面工程设计时需注意该区域影响范围。通常充填段与过渡区域均采用同种结构充填采煤液压支架，但考虑过渡区域支架受力明显高于充填段，因此认为应适当提高过渡区域液压支架支护阻力。设计可参考采场过渡区域覆岩弯矩集中范围，确定过渡支架数量。不同开采条件下协同综采面过渡区域弯矩集中影响范围见表 4.2。

表 4.2　过渡区域弯矩集中影响范围统计

状态	影响因素	过渡区域最大弯矩距过渡处距离/m							
致密状态	充填段长度/m	5	10	20	40	60	80	100	120
		2.82	2.99	2.95	2.92	2.88	2.92	2.93	2.82
	弹性地基系数/($10^6N/m^3$)	104.7	109.1	113	116.6	120	—	—	—
		2.84	2.82	2.71	2.60	2.48	—	—	—
	垮落段长度/m	10	15	20	22.1	25	30	—	—
		5.9	4.2	3.2	2.82	2.3	2.2	—	—
非致密状态	充填段长度/m	3	6	9	12	15	18	—	—
		0	1.93	2.33	2.73	2.94	3.08	—	—
	弹性地基系数/($10^6N/m^3$)	75	82.4	88.9	94.7	100	—	—	—
		3.65	3.47	3.28	3.10	3.02	—	—	—
	垮落段长度/m	10	15	20	21.6	25	30	—	—
		6.32	4.59	3.38	3.22	2.73	2.33	—	—

由表 4.2 分析可知，除了一些工程参考意义较弱的数据（若协同综采面充填段长度仅为 5m 或 10m）外，统计结果显示协同综采面过渡区域弯矩最大值位置距离过渡处范围为 2.5～3m。基于过渡区域弯矩集中对称性分布特点，分析高弯矩区域在过渡区域影响约 6m。因此基于过渡区域矿压显现特征及影响特征提出协同综采面过渡区域约 6m 范围内过渡支架需适当提高支护强度。

第5章　协同综采矿压显现规律数值模拟

第3章和第4章采用二维物理相似模拟试验和平面力学模型，初步探讨了不同影响因素条件下协同综采面覆岩运移规律和矿压显现规律。本章基于上述研究成果，采用FLAC^3D^三维数值模拟软件，研究不同充实率和充垮比条件下协同综采三维采场覆岩运移特征、围岩应力分布规律，研究其主控因素影响特征，揭示协同综采场矿压显现机理，为协同综采场支护提供依据。

5.1　数值模拟分析模型及方案

本节借助FLAC^{3D}三维数值模拟软件，基于十二矿工程地质参数，构建协同综采三维数值计算模型，设计数值模拟方案，研究不同充实率水平和不同充垮比条件下协同综采覆岩移动特征及围岩应力分布规律。

5.1.1　数值模拟软件及方法

1. FLAC^{3D}简介

FLAC^{3D}是由Itasca公司研发推出的连续介质力学分析软件，目前已在全球70多个国家得到广泛应用。FLAC^{3D}能够进行岩土、温度、结构、流体等多个学科研究，目前已经广泛应用于岩土工程、采矿工程等多个领域。FLAC^{3D}数值模拟软件含有10种弹塑性材料本构模型以及蠕变、静力、渗流、温度、动力5种计算模式，特别适用于分析渐进破坏和失稳以及模拟大变形。同时，FLAC^{3D}还有一个强大的程序语言——FISH，能够使用户定义新的变量和函数。

2. 数值模拟方法

本章具体采用FLAC^{3D} 5.0软件模拟不同影响因素条件下协同综采面覆岩运移及围岩应力分布规律。具体方法流程：基于平煤十二矿工程背景进行试验区域煤岩层物理力学特性测试，为数值模拟提供基础参数；选取现场矸石充填材料，测试其应力与应变关系，分析充填物料本构特征，利用FISH语言对充填物料本构关系进行编程，从而实时更新模拟过程中充填体弹性模量参数，准确模拟充填体与覆岩移动的相互耦合作用特点；基于上述参数和充填体模拟方法，利用FLAC^{3D}数值模拟软件构建协同综采覆岩运动分析模型，并确定模拟影响因素及其水平，设计不同模拟方案；通过模拟结果分析不同开采条件下协同综采覆岩移动特征、围岩分布规律及其影响因素和影响特征。具体数值模拟方法及流程如图5.1所示。

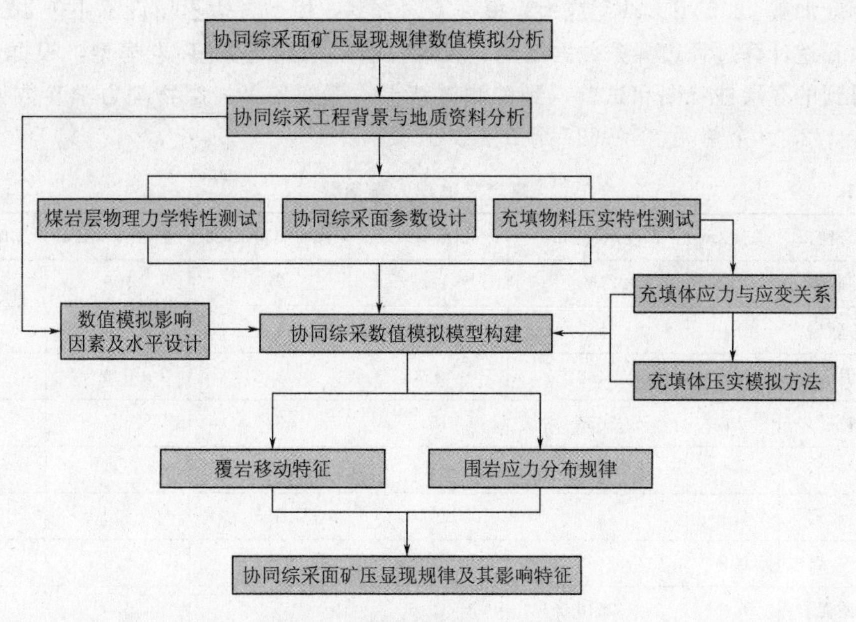

图 5.1 数值模拟方法及流程

5.1.2 数值分析模型构建

以平煤十二矿己$_{15}$-31010 协同综采面的工程地质条件为基础，利用 FLAC^{3D}数值模拟软件对协同综采采场覆岩变形及矿压显现规律进行模拟分析。己$_{15}$-13010 协同综采面岩层柱状图及数值分析模型如图 5.2 所示。

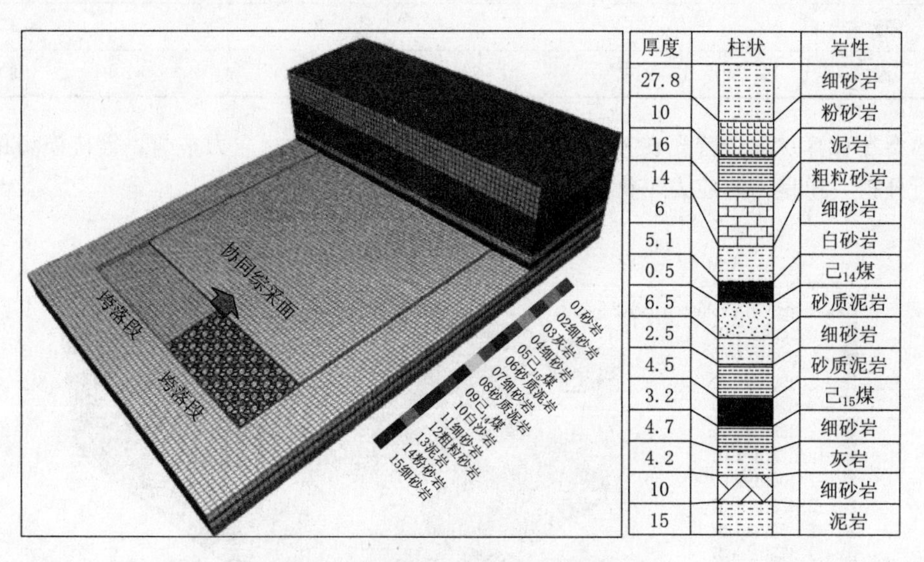

厚度	柱状	岩性
27.8		细砂岩
10		粉砂岩
16		泥岩
14		粗粒砂岩
6		细砂岩
5.1		白砂岩
0.5		己$_{14}$煤
6.5		砂质泥岩
2.5		细砂岩
4.5		砂质泥岩
3.2		己$_{15}$煤
4.7		细砂岩
4.2		灰岩
10		细砂岩
15		泥岩

图 5.2 岩层柱状图及数值分析模型

数值分析模型尺寸为 400m×300m×130m（长×宽×高），模型边界条件为四周约束水平方向自由度，固定模型底面，约束其水平自由度和垂直自由度。模型上部未铺设部分按相应厚度加载 22.5MPa 补偿应力。根据不同方案，模型各边界留设不小于 40m 保护煤柱，消除开挖计算过程边界条件的影响。模拟各岩层采用莫尔-库仑模型，根据十二矿现场钻孔得到的煤层柱状图和试验得到的测试结果，模型各煤岩层物理力学参数见表 5.1。模型共计 472500 个单元、509627 个节点。

表 5.1　煤岩层物理力学参数

序号	岩性	厚度/m	密度/(kg/m^3)	体积模量/GPa	剪切模量/GPa	黏聚力/MPa	黏摩擦角/(°)
1	细砂岩	27.8	2550	13.8	7.1	7.5	32
2	粉砂岩	10	2510	10.6	5.5	5.0	36
3	泥岩	16	2460	9.8	3.8	5.0	30
4	粗粒砂岩	14	2630	15.3	8.7	6.5	33
5	细砂岩	6.0	2550	13.8	7.1	7.5	32
6	白砂岩	5.1	2510	10.6	5.5	5.0	36
7	己$_{14}$煤	0.5	1450	5.8	2.7	2.5	28
8	砂质泥岩	6.5	2510	10.6	5.5	5.0	36
9	细砂岩	2.5	2550	13.8	7.1	7.5	32
10	砂质泥岩	4.5	2510	10.6	5.5	5.0	36
11	己$_{15}$煤	3.2	1450	5.8	2.7	2.5	28
12	细砂岩	4.7	2550	13.8	7.1	7.5	32
13	灰岩	4.2	2550	13.8	7.1	7.5	32
14	细砂岩	10	2550	13.8	7.1	7.5	32
15	泥岩	15	2460	9.8	3.8	4.0	30

模型在计算过程中首先在补偿载荷和岩层自重条件下进行应力平衡，等待模型稳定后再进行开挖，模型初始应力平衡结果如图 5.3 所示。

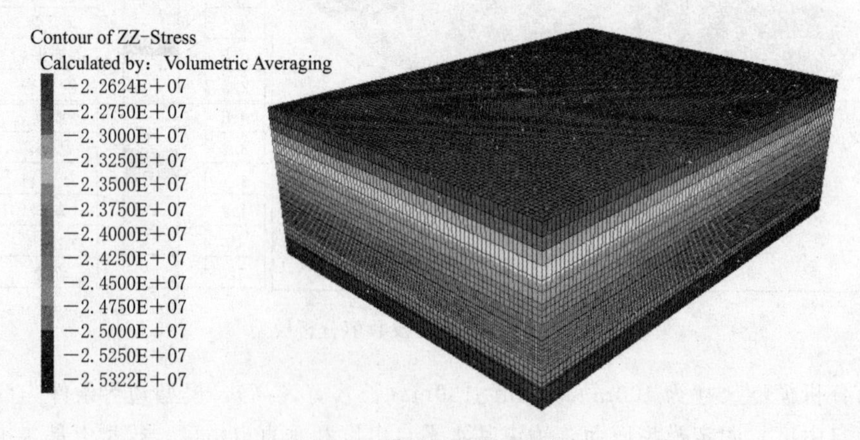

图 5.3　模型初始应力平衡

5.1.3 数值模拟方案

协同综采面可以根据具体工程背景选择自然落料充填和密实充填两种充填方案，不同充填状态充实率差异较大。根据充填物料应力与应变关系曲线，结合充填采煤液压支架夯实机构工作阻力，设计此次模拟方案模拟充实率分别为55%、70%和85%等3种水平。

协同综采面的最大特征是整个工作面由充填段与垮落段有机组合而成，充填段覆岩移动受充填体充实率控制，而整个综采面覆岩移动受充填段和垮落段共同影响，当工作面总长度一定时，协同综采面充垮比将直接影响工作面覆岩运移特征。因而此次数值分析同样考虑模拟不同充垮比参数下协同综采面覆岩运移及矿压显现特征。此次模拟共设计两个方案、6个模型，具体数值模拟分析方案见表5.2。

表5.2 数值模拟分析方案

方案 \ 参数		模拟影响因素					备注
		工作面长度/m	充垮比	充填段长度/m	垮落段长度/m	充实率/%	
一	1	220	1.2∶1	120	100	55	固定工作面长度与充垮比；调整充实率因素
	2		1.2∶1	120	100	70	
	3		1.2∶1	120	100	85	
二	1	220	1∶2.15	70	150	85	固定工作面长度与充实率；调整充垮比因素
	2		1∶1.2	100	120	85	
	3		1.2∶1	120	100	85	
	4		2.15∶1	150	70	85	

5.2 充填体模拟方法设计

充填物料是充填采煤采场主要承载结构和覆岩移动主控因素，其物理力学特征直接控制覆岩变形特征。本节以十二矿井下洗选矸石为充填物料试样，分析充填物料压实特性，为协同综采覆岩移动理论研究和工程设计提供基础数据。

5.2.1 充填物料压实特性

1. 充填材料的碎胀系数

充填材料碎胀系数K_s为充填材料破碎后处于松散状态下的体积V_2与岩石破碎前处于整体状态下的体积V_1之比，即

$$K_s=\frac{V_2}{V_1} \tag{5.1}$$

试验采用自制压实钢桶，在装桶前通过电子秤量取岩石的质量m，根据体积与密度的关系，由式（5.2）计算出充填材料破碎前的体积V_1，即

$$V_1=\frac{m}{\rho} \tag{5.2}$$

岩石装桶后用游标卡尺测量装料高度 h_x，结合钢桶直径 d，由式（5.3）计算得出破碎后充填材料的体积 V_2，即

$$V_2=\frac{\pi d^2}{4}h \tag{5.3}$$

3组充填材料试样碎胀系数 K_s 见表5.3。

表5.3　碎胀系数测试结果

序号	质量 m/kg	原始体积 $V_1/10^{-3}m^3$	装料高度 h/mm	破碎体积 $V_2/10^{-3}m^3$	碎胀系数 K_s	平均碎胀系数 $\overline{K_s}$
1	2.48	1.939	53.56	2.624	1.353	1.459
2	4.50	3.519	105.28	5.159	1.466	
3	6.54	5.115	162.65	7.970	1.558	

2. 应力-应变关系

基于3.1.3小节充填物料压实试验结果，对充填体应力与应变曲线进行拟合，得到充填物料应力与应变关系及其拟合曲线如图5.4所示。

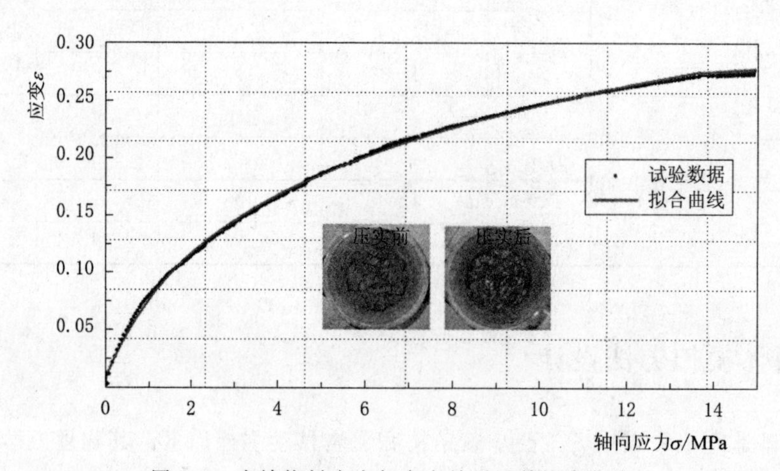

图5.4　充填物料应力与应变关系及其拟合曲线

对充填物料应变-应力曲线进行线性拟合，得到拟合方程式（5.4），拟合方程相关性系数高达0.9966，即

$$\varepsilon=0.117\ln(2.45\sigma+1.12) \tag{5.4}$$

3. 应力-弹性地基系数关系

由充填体应力与应变曲线可知材料并非理想弹性体，因而无法选择固定的参量表征其压实过程中的应力与应变本构关系。为了动态研究其在采场中的承载特征和性能，引入矸石充填物料变形模量 E_c 概念，其计算式为

$$E_c=\frac{\sigma}{\varepsilon} \tag{5.5}$$

充填体弹性地基系数 k_g 由式（5.6）确定，即

$$k_g=\frac{E_c}{h_x}=\frac{\sigma}{\varepsilon h_x} \tag{5.6}$$

式中 h_x——某一时刻钢桶中物料高度。

对试验数据作进一步整理，得到充填物料应变与弹性地基系数关系曲线，如图 5.5 所示。

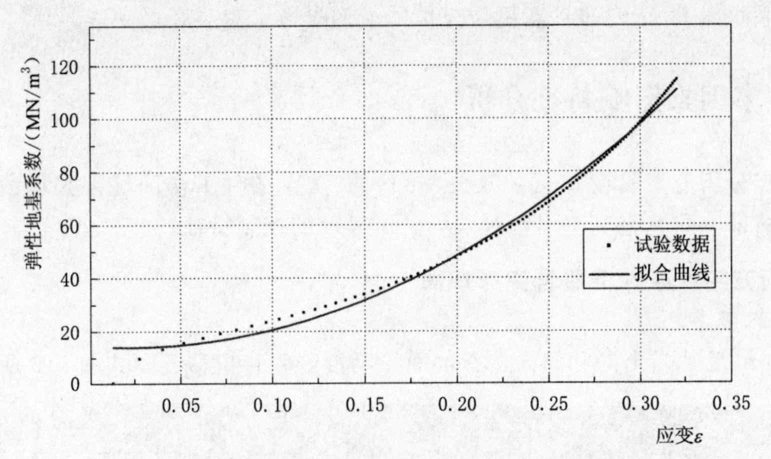

图 5.5 充填物料应变与弹性地基系数关系曲线

对充填物料应变-弹性地基系数曲线进行拟合，得到拟合方程式（5.7），相关系数 R 为 0.9933，即

$$k_g = 58.40 - 201.34\varepsilon + 4445.95\varepsilon^2 \tag{5.7}$$

分析图 5.5 可知，充填体弹性地基系数与应变成二次曲线关系。随着充填体弹性地基系数随着应变增大而增大，且变化速率有逐渐变大的趋势，分析认为原因是随着充填体逐渐压缩，矸石内部裂隙和矸石颗粒间空间逐渐被压实，充填物料压缩空间有限，相应地充填体致密度提高，弹性地基系数变大，充填体抗变形能力增强。

5.2.2 充填体压实模拟方法

分析充填体应力与应变关系曲线可知，充填体并非理想的弹性体，图 5.5 所示载荷作用下其应力与应变本构关系表现出非线性特征，表现出如式（5.8）所示的对数关系，即

$$\varepsilon = A \cdot \ln(B \cdot \sigma + C) \tag{5.8}$$

式中 A、B、C——拟合参数。

通常用压实模量参数表示散体充填物料抗变形特性。对式（5.8）求导，即可得出矸石充填物料压缩模量 E_c 的表达式，即

$$E_c = \frac{d\sigma}{d\varepsilon} = \frac{1}{A \cdot B}e^{\varepsilon/A} = \frac{1}{A}\sigma + \frac{C}{A \cdot B} \tag{5.9}$$

此次采用莫尔-库仑模型模拟矸石充填物料。莫尔-库仑模型计算涉及的主要参数有体积模量 K、剪切模量 G、内摩擦角、抗拉强度等，其中体积模量与剪切模量与充填物料压实模量满足下式，即

$$K = \frac{E_c}{3(1-2\mu)} \tag{5.10}$$

$$G = \frac{E_c}{2(1+\mu)} \tag{5.11}$$

式中 μ——泊松比。

数值模拟时采用动态更新充填体体积模量以及剪切模量的思想，利用 FLAC3D 软件内置 FISH 语言，编制矸石充填物料非线性压实程序。具体方法为监测充填体应力，根据应力与应变关系每隔 50 个时步动态更新充填体模型参数，直至开采完毕。

5.3　充实率因素影响特征分析

本节重点分析充填段在 55%、70%、85%充实率条件下协同综采采场覆岩变形和围岩应力分布特征，研究充实率因素对采场矿压显现的控制特征。

5.3.1　不同充实率条件下覆岩变形规律

1. 55%充实率

推进 250m 后，沿走向和倾向选择剖面绘制覆岩垂直位移云图如图 5.6 所示。

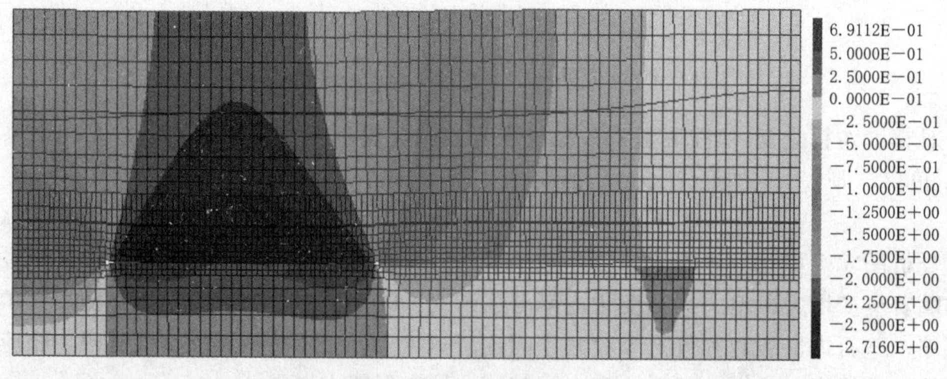

(a) 工作面倾向位移云图

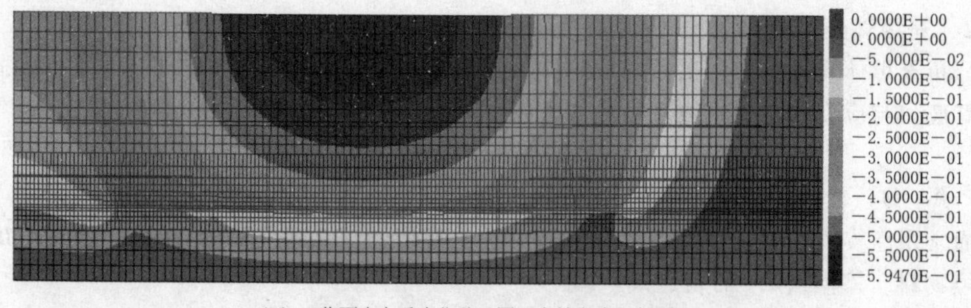

(b) 工作面走向垂直位移云图（充填段中部剖面）

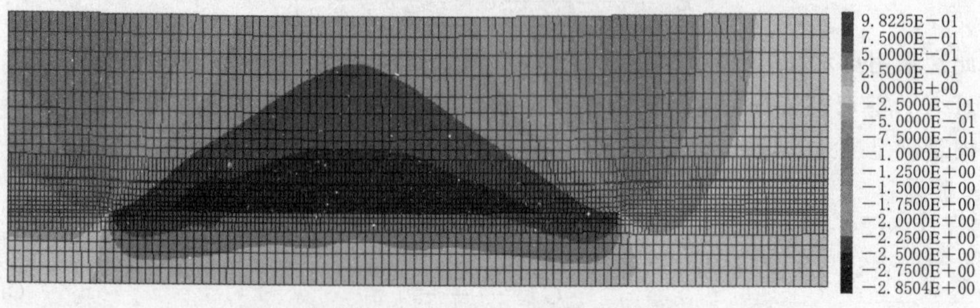

(c) 工作面走向垂直位移云图（垮落段中部剖面）

图 5.6　协同综采覆岩垂直位移云图

由图 5.6 分析可知，由于协同综采面由充填段和垮落段组合而成，不同区域覆岩移动特征差异显著，不具有对称性特征，难以选用同一剖面表征倾向或走向覆岩移动规律。为了直观地显示工作面推进过程中其顶板移动特征，以基本顶为研究对象，利用 $FLAC^{3D}$ 和 Surfer 软件对数值模拟结果进行数据处理，得到不同推进距离覆岩基本顶三维下沉动态曲面，如图 5.7 所示。

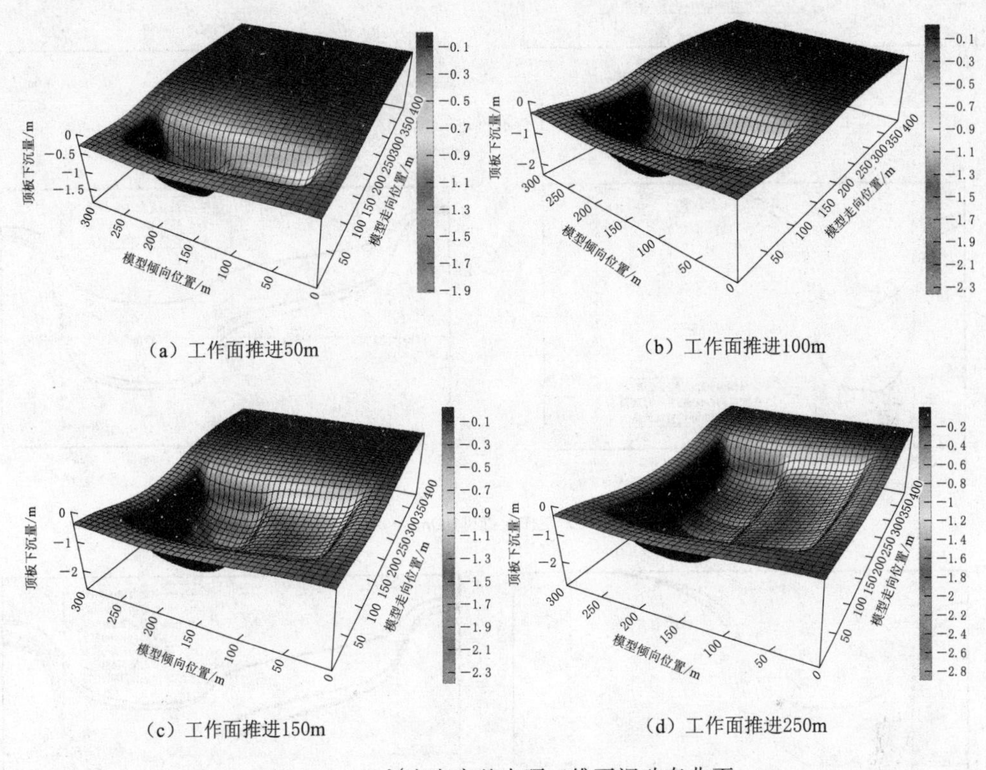

(a) 工作面推进50m　(b) 工作面推进100m

(c) 工作面推进150m　(d) 工作面推进250m

图 5.7　55%充实率基本顶三维下沉动态曲面

使用 Origin 软件进一步分析图 5.8 中的数据，沿工作面倾向和走向不同位置处作剖面，得到工作面推进过程中覆岩基本顶下沉曲线如图 5.8 所示。

由图 5.6 至图 5.8 分析可知，当充实率为 55%时，协同综采面覆岩移动呈现下述特征。

(1) 覆岩整体运动形态表现出明显的非对称性特征，垮落段顶板下沉量较大，充填段较小，充填段与垮落段中间存在位移快速过渡区域。

(2) 沿工作面走向，倾向不同区域基本顶下沉曲线均呈“盆”状特征，顶板下沉最大处均处于采空区中间位置；随着工作面的推进，基本顶下沉影响范围和下沉量都逐渐增大，协同综采面倾向 100m（充填段中点）、160m（充填段与垮落段过渡处）与 210m（垮落段中点）截面沿走向基本顶最大下沉量分别为 1.71m、2.41m 和 2.88m，垮落段最大下沉量是充填段的 1.79 倍。

(3) 沿工作面倾向，覆岩基本顶下沉曲线呈现明显的“勺”状非对称性特征，其中垮落段顶板下沉量较大，最大下沉量位置位于垮落段中部偏充填侧，充填段下沉量相对较

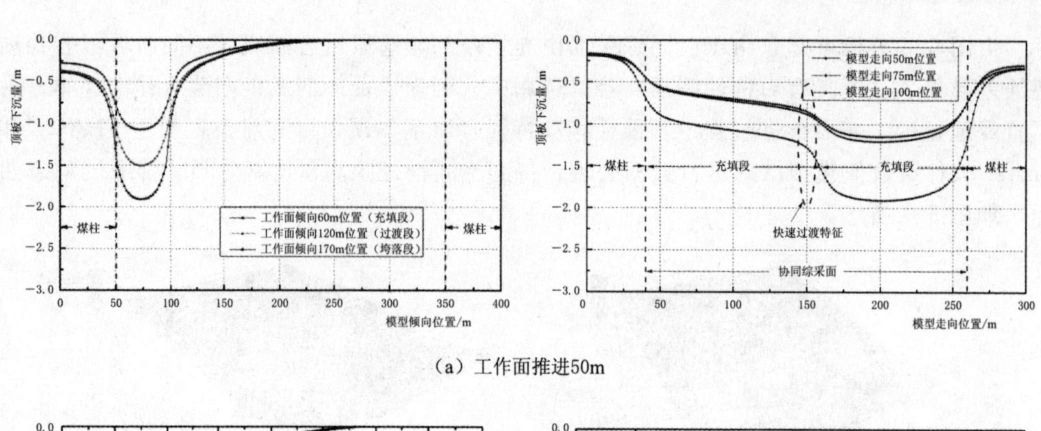

（a）工作面推进50m

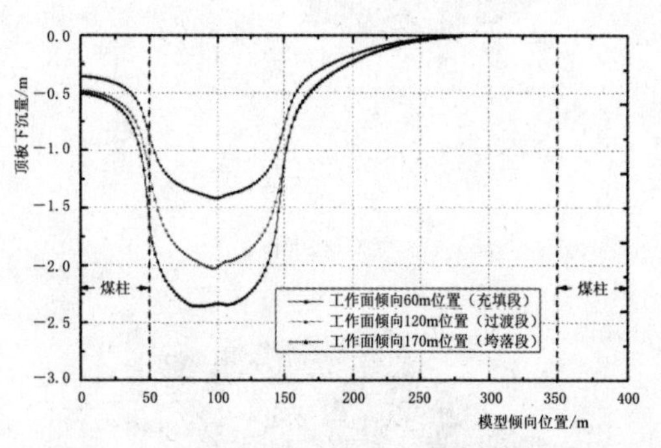

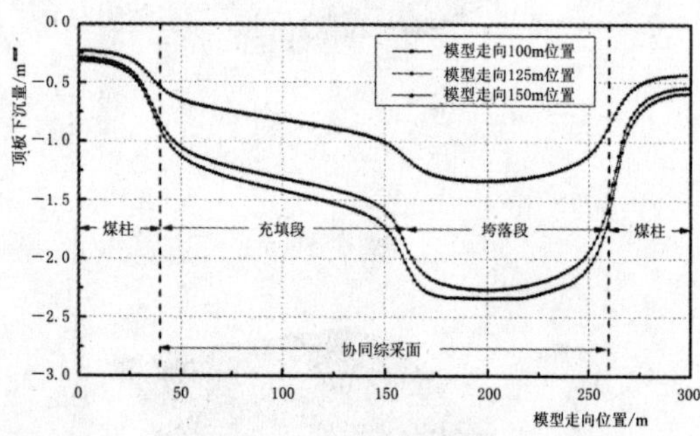

（b）工作面推进100m

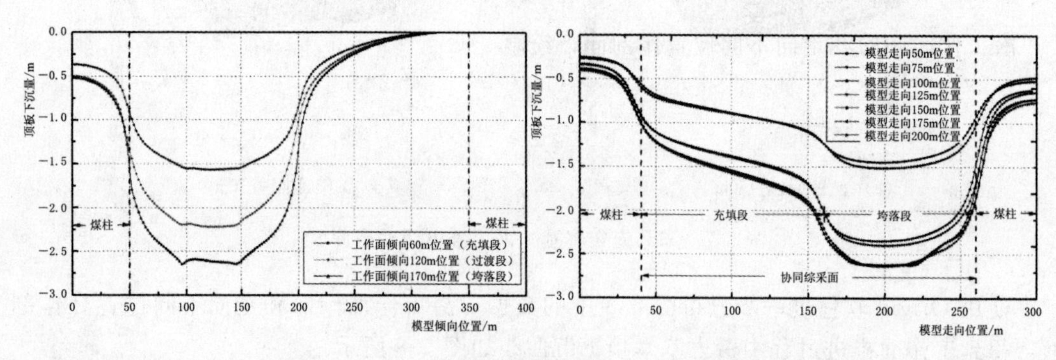

（c）工作面推进150m

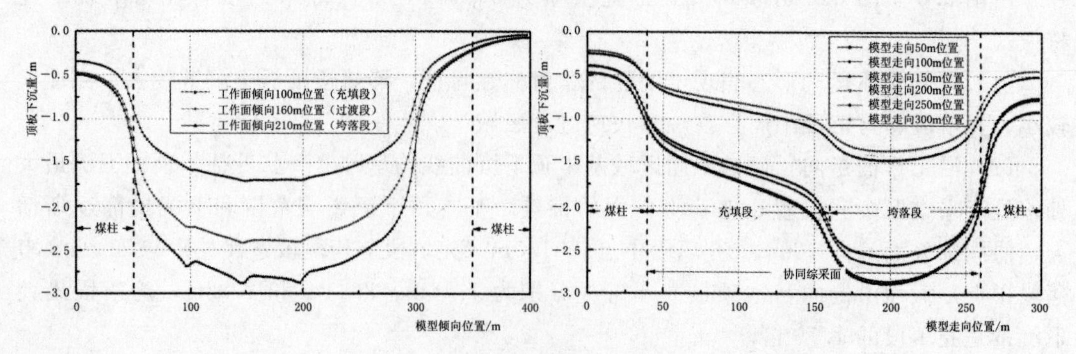

（d）工作面推进200m

图 5.8　55％充实率不同位置基本顶下沉曲线

小，中间有一个快速过渡区域；当工作面推进 250m 后，覆岩基本顶下沉量趋于稳定。模型走向 150m 位置（工作面推进方向中点）工作面倾向顶板下沉量最大，其中充填段顶板最大下沉量 2.40m（靠近过渡处），最小下沉量 1.11m，平均 1.61m；垮落段顶板最大下沉量 2.89m（垮落段中间区域），最小下沉量 1.96m，平均 2.70m，工作面倾向垮落段基本顶平均下沉量是充填段的 1.68 倍。

2. 70%充实率

70%充实率条件下协同综采面不同推进距离覆岩基本顶三维下沉动态曲面如图 5.9 所示。

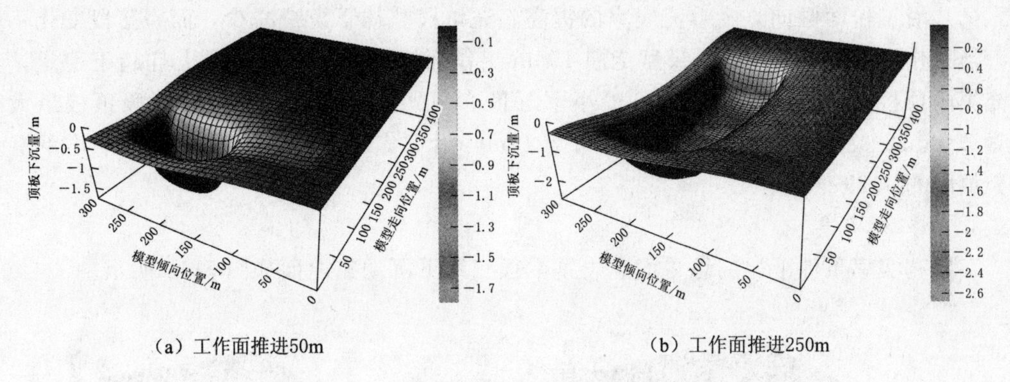

(a) 工作面推进50m　(b) 工作面推进250m

图 5.9　70%充实率基本顶三维下沉动态曲面

沿工作面倾向和走向不同位置作剖面，绘制工作面推进过程中覆岩基本顶下沉曲线如图 5.10 所示。

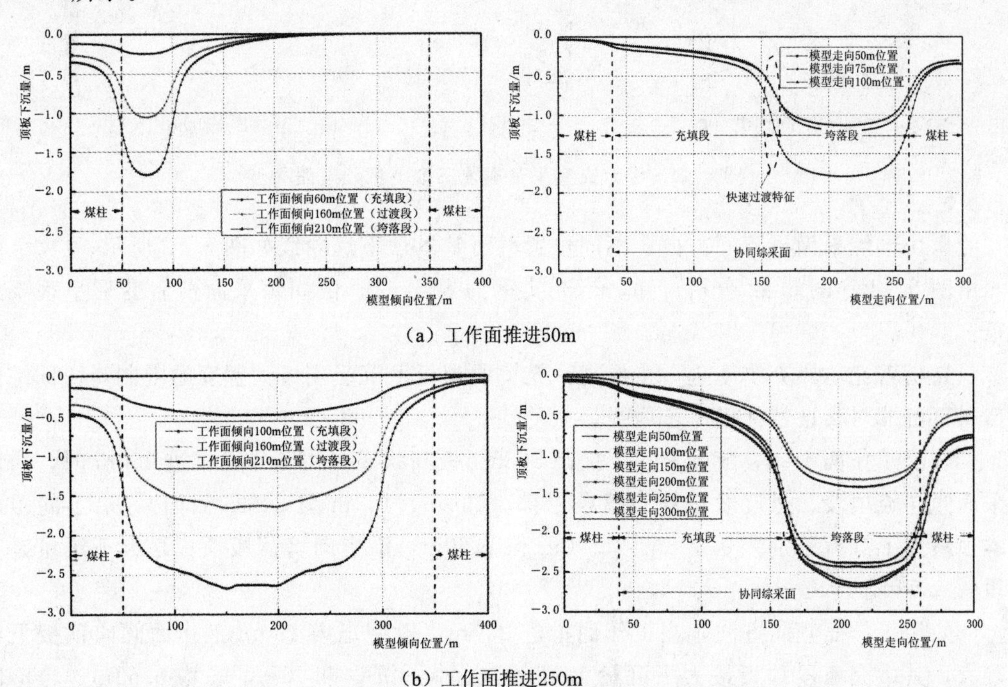

(a) 工作面推进50m

(b) 工作面推进250m

图 5.10　70%充实率不同位置处顶板下沉量曲线

由图5.9和图5.10分析可知，当充实率为70%时，协同综采面覆岩变形呈现出下述特征。

(1) 协同综采面基本顶下沉依然表现出垮落段下沉量大于充填段且中间快速过渡特征。但随着充实率的提高，充填体承载性能增强，充填段采空区基本顶下沉量变小，与55%充实率相比，其覆岩非对称性特征越发显著。

(2) 沿工作面走向，随着充实率提高到70%，协同综采面充填段、过渡区域和垮落段（倾向100m、160m与210m截面）沿走向顶板最大下沉值分别为0.493m、1.659m和2.675m，沿走向垮落段顶板最大下沉量是充填段的5.43倍。

(3) 沿工作面倾向，随着充实率的提高，充填段整体下沉量减少，而垮落段变化不明显。当工作面推进250m后，模型走向150m工作面倾向顶板下沉量最大且趋于稳定，其中充填段顶板最大下沉量1.73m，最小下沉量0.20m，平均0.58m；垮落段顶板最大下沉量2.68m，最小下沉量1.84m，平均2.49m，沿工作面倾向垮落段基本顶平均下沉量是充填段的4.29倍。

3. 85%充实率

85%充实率条件下协同综采面覆岩基本顶三维下沉动态曲面如图5.11所示。

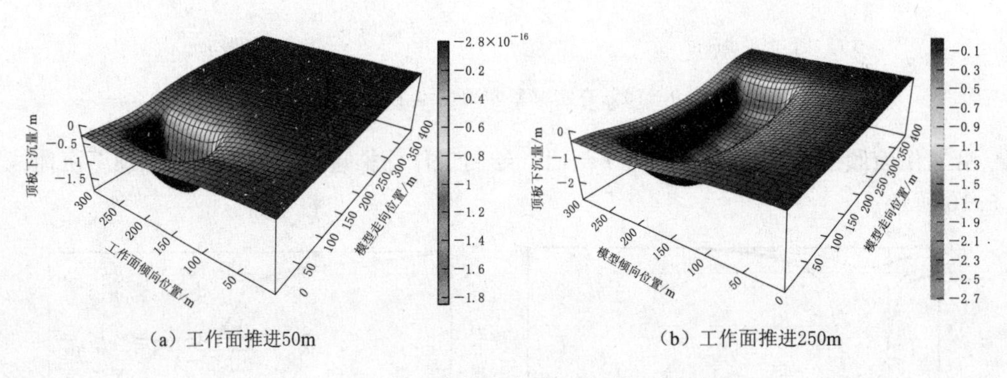

(a) 工作面推进50m　　(b) 工作面推进250m

图5.11　85%充实率基本顶三维下沉动态曲面

绘制协同综采面沿不同方向、不同位置覆岩基本顶下沉曲线如图5.12所示。

由图5.11和图5.12分析可知，当充实率为85%时，协同综采面覆岩变形呈现下述特征：

(1) 随着充填段充实率进一步提高，充填段顶板下沉受到极大程度的限制，协同综采面覆岩下沉非对称性特征进一步增强。

(2) 沿工作面走向，随着充实率提高到85%极高状态，当工作面推进250m时，协同综采面倾向充填段、过渡区域和垮落段中部（100m、160m与210m截面），沿走向覆岩基本顶最大下沉值分别为0.438m、1.60m和2.60m，沿走向垮落段顶板最大下沉量是充填段的5.94倍。

(3) 沿工作面倾向方向，当工作面推进250m，模型走向150m工作面倾向顶板下沉量最大，其中充填段顶板最大下沉量1.46m，最小下沉量0.15m，平均0.52m；垮落段顶板最大下沉量2.60m，最小下沉量1.59m，平均2.49m，沿工作面倾向垮落段基本顶

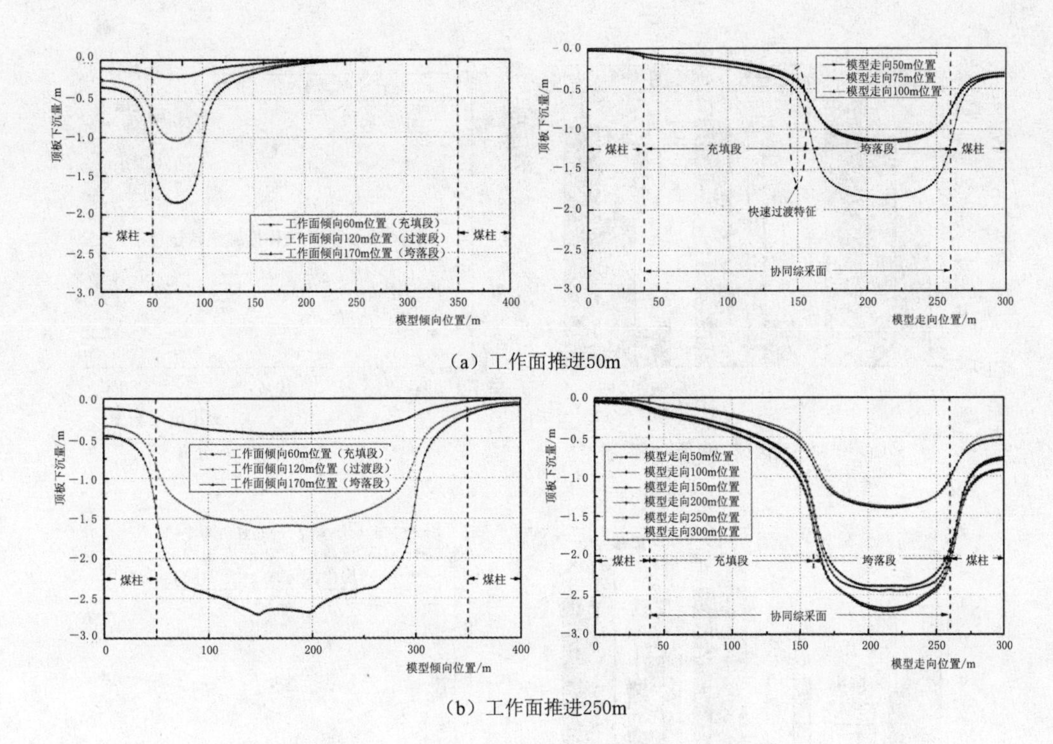

（a）工作面推进50m

（b）工作面推进250m

图 5.12　85％充实率不同位置处顶板下沉量曲线

平均下沉量是充填段的 4.82 倍。

4. *充实率影响覆岩移动特征分析*

对上述数据作进一步整理分析，总结充实率影响覆岩移动规律如图 5.13 所示。

通过对图 5.13 进行分析，总结出充实率因素影响协同综采面覆岩变形呈现出下述特征：

（1）沿走向协同综采面覆岩下沉呈现明显的分区域规律，其中垮落段顶板下沉量最大，过渡区域次之，充填段最小，垮落段岩层移动剧烈程度明显高于填充段。整个工作面覆岩移动非对称性特征显著；研究沿走向充填段顶板下沉量最大值与垮落段顶板下沉量比值表征非对称性程度，当充实率由 55％变化至 85％水平时，该值由 1.68 增大至 6.28，说明充实率越高，非对称特征越显著。

（2）随着充实率的升高，协同综采面倾向充填段和垮落段覆岩基本顶下沉最大值、最小值和平均值各项指标均发生变化，其中充填段基本顶下沉最大值、最小值和平均值各项指标降幅高达 39.2％、86.4％、63.9％，而垮落段降幅仅为 10.0％、18.8％、8.1％。由此可见，充实率对充填段顶板下沉影响较大，过渡区域次之，而对垮落段影响较小；垮落段与充填段最大下沉量和平均下沉量比值均随着充实率升高而变大，同样说明充实率越大，覆岩移动非对称性特征越显著，但非对称性变化速率呈现越来越慢的变化趋势。

5.3.2　不同充实率条件下围岩应力分布规律

开挖前模型处于图 5.3 所示的应力平衡状态，长期理论研究和实践证明，在传统垮落

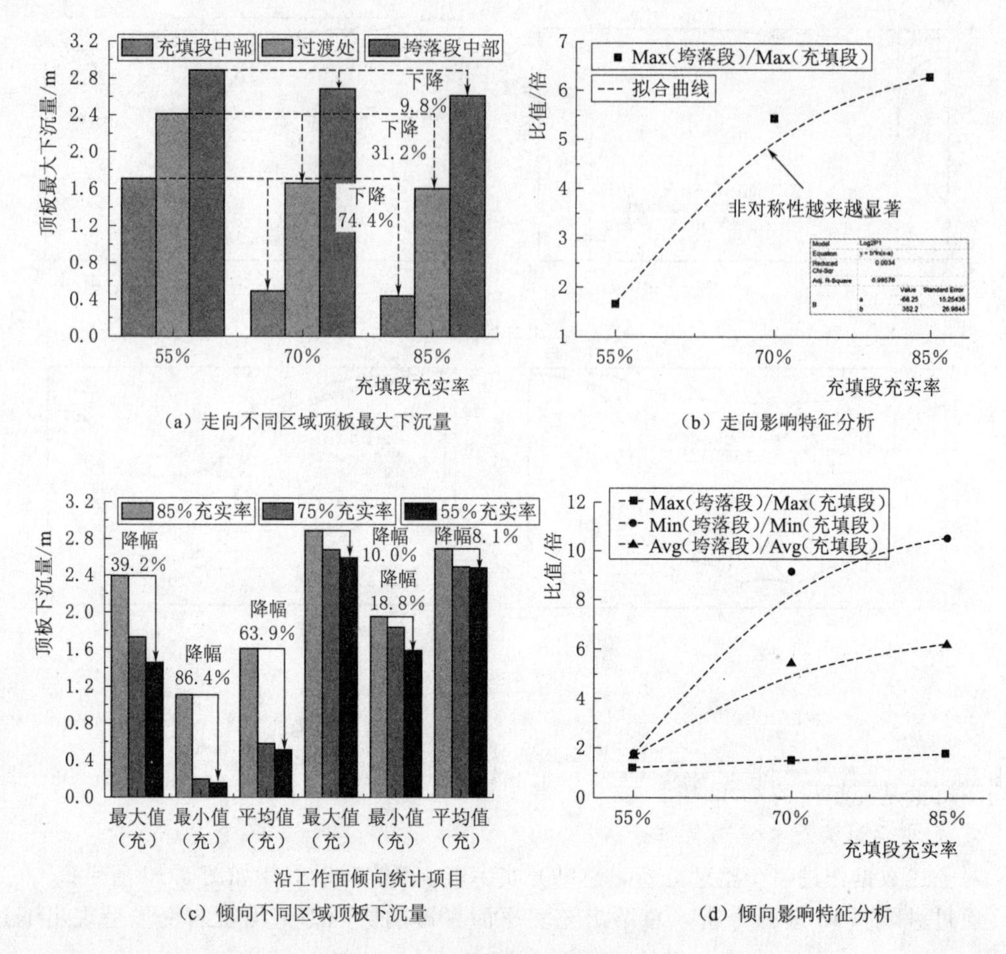

(a) 走向不同区域顶板最大下沉量

(b) 走向影响特征分析

(c) 倾向不同区域顶板下沉量

(d) 倾向影响特征分析

图 5.13 充实率影响覆岩移动规律

法或常规矸石充填开采中，随着煤层开挖，煤体原有应力平衡状态被打破，引起采场围岩应力重新分布，在回采工作面前后以及两侧形成相应的应力降低区、应力增高区和稳压区。研究不同开采条件下采场支承应力分布规律对于安全开采极其重要。协同综采面由于其特有的充填部分垮落法顶板管理方式，其采场矿压显现必然表现出独特的规律。充实率是充填采煤岩层移动控制的主控因素，不同充实率条件下采场矿压显现差异显著。本小节重点研究85%、70%和55%充实率条件下协同综采面采场围岩应力分布特征，对比分析充实率影响因素对协同综采矿压显现的控制特征。

1. 85%充实率条件

研究选择协同综采面充填段中部、过渡区域以及垮落段中部3个有代表性的位置研究协同综采面沿走向不同区域围岩应力分布特征；选择工作面后部10m、工作面位置以及超前工作面5m位置研究协同综采面沿倾向不同推进距离位置应力分布特征。上述位置协同综采面应力分布如图5.14所示。为了便于分析，本章应力值正值表示压应力，负值表示拉应力。

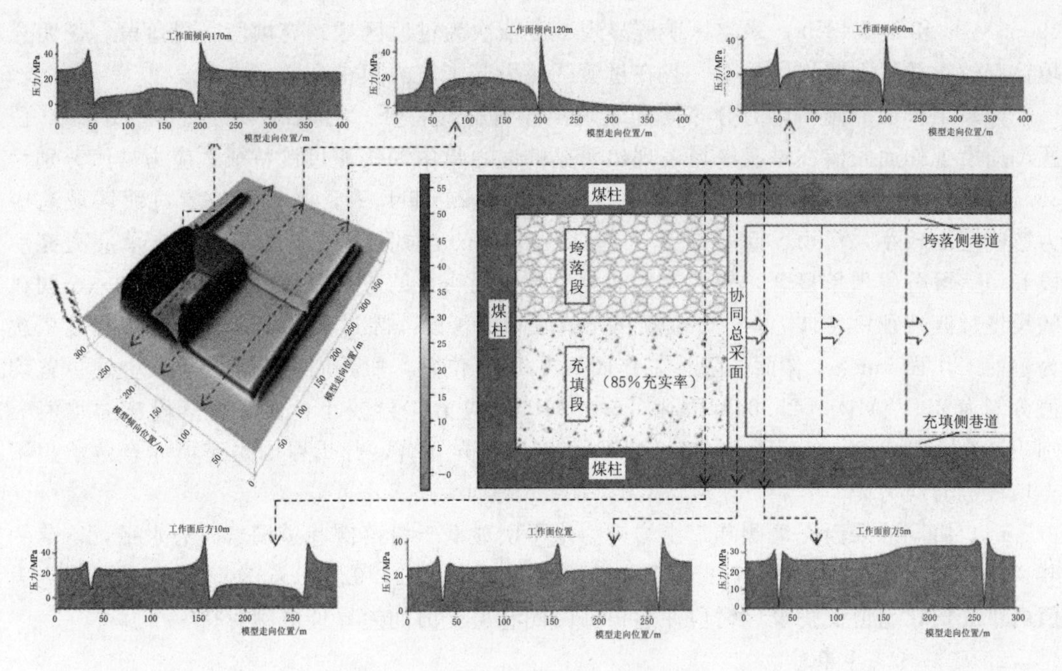

（a）围岩应力总体分布特征

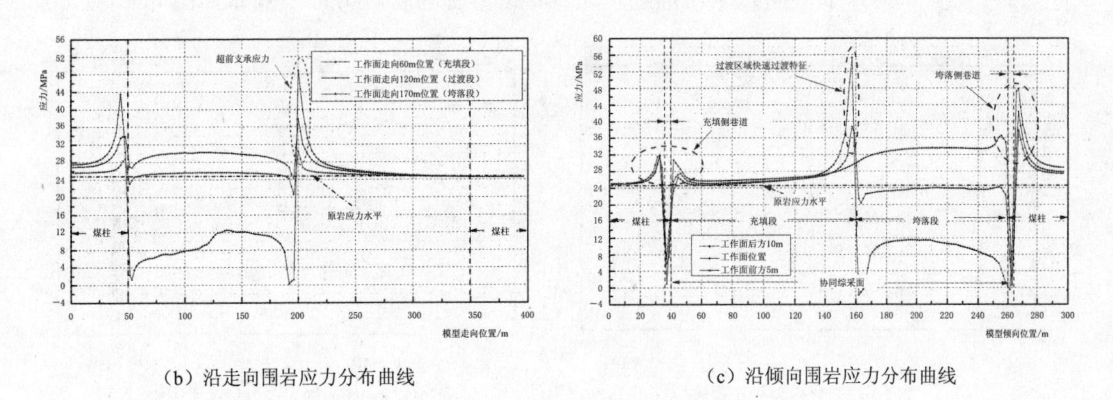

（b）沿走向围岩应力分布曲线　　（c）沿倾向围岩应力分布曲线

图 5.14　85%充实率围岩应力分布

由图 5.14 分析可知，85%充实率条件下协同综采采场围岩应力分布呈现下述规律。

（1）图 5.14（a）所示的应力分布三维特征图显示，协同综采围岩应力分布呈现明显的分区域非对称性特征，充填段和垮落段应力水平差异较大，两者之间存在一个应力快速过渡区域。

（2）沿工作面走向，充填段、过渡区域及垮落段均出现支承应力区、卸压区和应力恢复区特征，但 3 个区域应力水平差异显著。充填段、过渡区域及垮落段超前应力区峰值分别为 30.49MPa、37.86MPa 和 48.92MPa；应力集中系数分别为 1.23、1.53 和 1.98；支承应力影响范围分别为 17m、47m 和 57m，工作面不同区域矿压显现程度依次为垮落段＞过渡区域＞充填段，分析可知充填体显著降低了充填段超前支承应力峰值和影响范围；工作面后部采空区充填段、过渡区域与垮落段的应力均值分别为 25.25MPa、29.33MPa 和 8.86MPa，采空区矿压显现程度依次为过渡区域＞充填段＞垮落段，说明充填体有效承载了上覆岩层重量，且在过渡区域引起了应力集中现象。

（3）工作面沿倾向应力分布同样表现出非对称性特征。协同综采面及其后方 10m 位置剖面沿工作面倾向在过渡区域表现出明显的应力集中和快速过渡特征，应力峰值分别为 38.76MPa 和 55.34MPa，应力集中系数分别达 2.24 和 1.56，工作面位置过渡区域高应力影响范围较小，仅为 5.53m 左右；超前工作面 5m 位置沿倾向煤体超前支承应力充填段和垮落段分段现象显著，但两者之间过渡区域无明显的应力激增现象，但存在一个明显的缓慢过渡特征；总体上，3 个位置在充填段和垮落段（除过渡区域）矿压显现程度依次为超前工作面 5m＞工作面位置＞工作面后方 10m 位置，所不同的是在充填段上述位置均值分别为 25.47MPa、25.64MPa 和 26.37MPa，应力差异较小，但在垮落段应力均值分别为 8.97MPa、23.45MPa 和 33.19MPa，应力差异显著，分析原因是充填体有效承担了充填段覆岩应力。

（4）协同综采面充填侧巷道围岩应力水平明显低于垮落侧巷道围岩应力水平，垮落侧巷道帮部最大垂直应力为 47.85MPa，充填侧巷道仅为 31.92MPa，垮落侧是充填侧应力值的 1.5 倍，巷道支护设计时应注意根据两侧巷道受力的差异性区别对待。

2. 70％充实率条件

70％充实率条件下协同综采面推进至 150m 距离时围岩应力分布规律如图 5.15 所示。

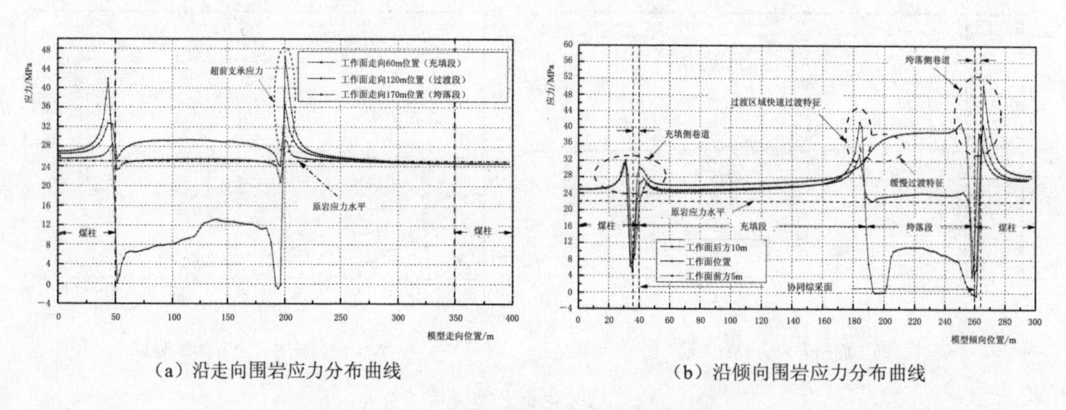

（a）沿走向围岩应力分布曲线　　（b）沿倾向围岩应力分布曲线

图 5.15　70％充实率条件下围岩应力分布

由图 5.15 分析可知，70％充实率条件下协同综采面围岩应力分布呈现下述规律：

（1）当充实率为 70％时，协同综采面采场围岩分布规律与 85％充实率时相似，工作面依然表现出非对称性特征，但随着充实率的降低，各区域围岩应力水平有所变化。

（2）沿工作面走向，协同综采面充填段、垮落段及其两者之间过渡区域依然呈现出显著的超前支承应力区、卸压区和应力恢复区分区特征；充填段、过渡区域及垮落段超前应力峰值分别为 29.32MPa、36.61MPa 和 46.34MPa，应力集中系数分别为 1.19、1.48 和 1.86，支承应力影响距离分别为 23m、49m 和 53m，与 85％充实率相比较，充填段和过渡区域应力峰值均有所降低，但充填段超前支承应力影响范围扩大，垮落段影响范围变化不大，分析原因是随着充实率降低，充填段覆岩破坏程度增加，整个协同综采面覆岩破坏有向充填段转移的倾向。采空区充填段、过渡区域与垮落段的应力均值分别为 25.03MPa、28.60MPa 和 9.36MPa，依然呈现过渡区域＞充填段＞垮落段特征。

(3) 沿工作面倾向，协同综采面及其后方 10m 剖面位置表现出充填段应力水平高于垮落段特点，且两者之间过渡区域表现出应力集中和快速过渡特征，应力峰值分别为 38.42MPa 和 51.72MPa，应力集中系数分别为 2.09 和 1.47，与 85％充实率相比略有下降，工作面位置过渡区域高应力影响范围同样较小，为 5.21m 左右；超前工作面 5m 位置沿工作面倾向表现出垮落段应力高于充填段特征，但两者之间过渡区域无明显的应力激增现象，应力缓慢平稳过渡；总体上上述 3 个位置在充填段和垮落段（除过渡区域）矿压显现程度依次为超前工作面 5m＞工作面位置＞工作面后方 10m 位置，所不同的是在充填段上述位置均值分别为 25.27MPa、25.59MPa 和 26.68MPa，应力差异不大，但垮落段应力均值分别 9.16MPa、22.43MPa 和 35.33MPa，应力差异显著。

(4) 协同综采面充填侧巷道围岩应力水平依然明显低于垮落侧巷道围岩应力水平，垮落侧巷道最大应力为 47.08MPa，充填侧巷道最大应力为 31.64MPa，垮落侧是充填侧应力值的 1.48 倍，与 85％充实率水平几乎相等。

3. 55％充实率条件

协同综采面推进至 150m 距离时围岩应力分布规律如图 5.16 所示。

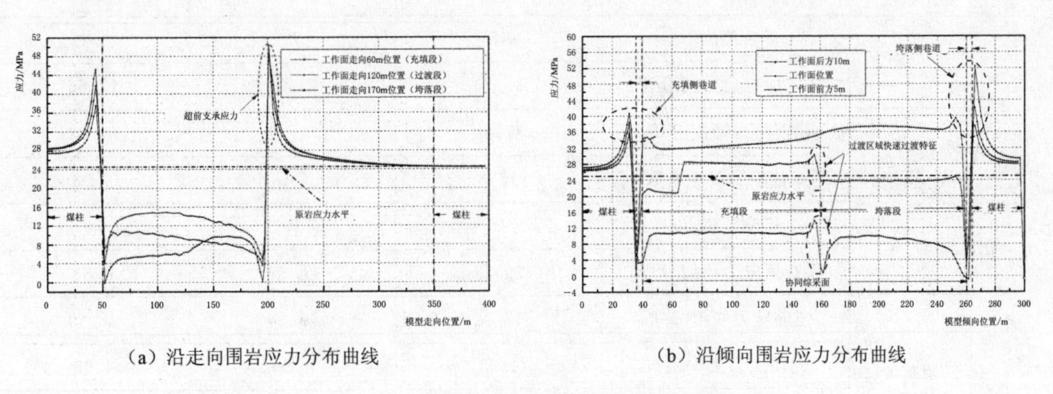

(a) 沿走向围岩应力分布曲线　　(b) 沿倾向围岩应力分布曲线

图 5.16　55％充实率条件下围岩应力分布

由图 5.16 及前述研究结果对比分析可知，由于充实率降至 55％水平，采场承载结构变化差异较大，导致协同综采面围岩应力分布发生较大变化，具体呈现出下述规律：

(1) 随着充实率继续降低至 55％充实率水平，协同综采面采场围岩分布规律非对称性特征显著退化。

(2) 沿工作面走向，充填段、过渡区域及垮落段超前支承应力峰值分别为 50.29MPa、50.32MPa 和 48.29MPa，应力集中系数分别为 2.03、2.04 和 1.96，支承应力影响距离分别为 50m、58m 和 59m，说明充填段、垮落段应力分布趋于一致。工作面后部采空区充填段、过渡区域与垮落段的应力均值分别为 12.66MPa、8.85MPa 和

6.55MPa，均低于原岩应力，分析原因是充实率较低，未起到有效支承覆岩作用。围岩应力分布非对称特征较弱，协同综采面表现出垮落法开采特征。

(3) 沿工作面倾向，只有协同综采面位置沿倾向在过渡区域表现出明显的应力集中现象，应力峰值为30.27MPa，应力集中系数仅为1.23，高应力影响范围仅为4.94m左右；超前工作面5m位置沿倾向煤体超前支承应力充填段和垮落段两者之间同样表现出充填段低于垮落段特征，且缓慢过渡特征显著；总体上3个位置在充填段和垮落段矿压显现程度依次为超前工作面5m＞工作面位置＞工作面后方10m位置，与85%和70%充实率条件下相比，上述3个位置在充填段和垮落段应力水平差异显著。

(4) 充填侧巷道围岩应力水平依然明显低于垮落侧巷道围岩应力水平，垮落侧巷道最大应力为35.66MPa，充填侧巷道最大应力为52.45MPa，垮落侧是充填侧应力值的1.60倍，两侧巷道应力差值变化不大。

4. 充实率影响围岩应力分布特征分析

基于上述不同充实率应力分布规律研究结果，对矿压数据作进一步整理，得到不同充实率条件下沿工作面走向围岩应力数据统计结果，见表5.4。

表5.4 不同充实率沿工作面走向围岩应力数据

	区域/位置	监测目标	85%充实率	70%充实率	55%充实率
沿协同综采面走向	充填段	超前应力峰值/MPa	30.49	29.32	50.29
		超前应力集中系数	1.23	1.19	2.04
		影响范围/m	17	23	50
		采空区应力均值/MPa	25.25	25.03	12.66
	过渡区域	超前应力峰值/MPa	37.86	36.61	50.32
		超前应力集中系数	1.53	1.48	2.03
		影响范围/m	47	49	58
		采空区应力均值/MPa	29.33	28.60	8.85
	垮落段	超前应力峰值/MPa	48.92	46.34	48.29
		超前应力集中系数	1.98	1.86	1.96
		影响范围/m	57	53	59
		采空区应力均值/MPa	8.86	9.36	6.55

对表5.4中的数据进行统计分析，得到充实率因素影响工作面走向围岩应力特征结果如图5.17所示。

由图5.17分析可知，随着协同综采面充填段充实率降低，充填段、过渡区域和垮落段超前支承应力峰值、应力集中系数以及支承应力影响距离逐渐变大，采空区平均应力逐渐变小；但对充填段影响程度比较大，对垮落段影响不明显。

同理，对矿压数据作进一步整理分析，得到不同充实率条件下沿工作面倾向围岩应力数据统计，结果见表5.5。

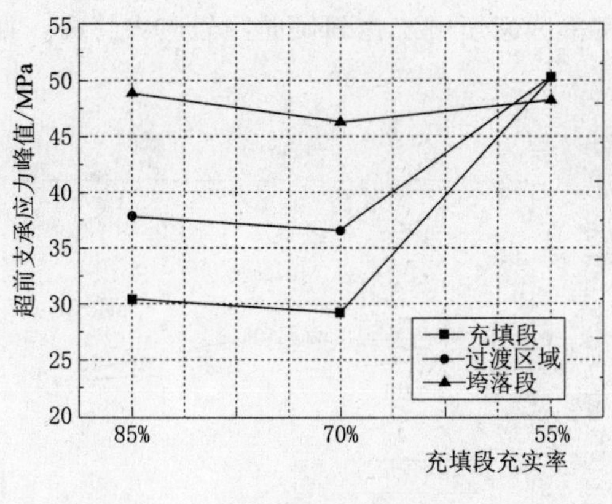

(a) 超前支承应力峰值

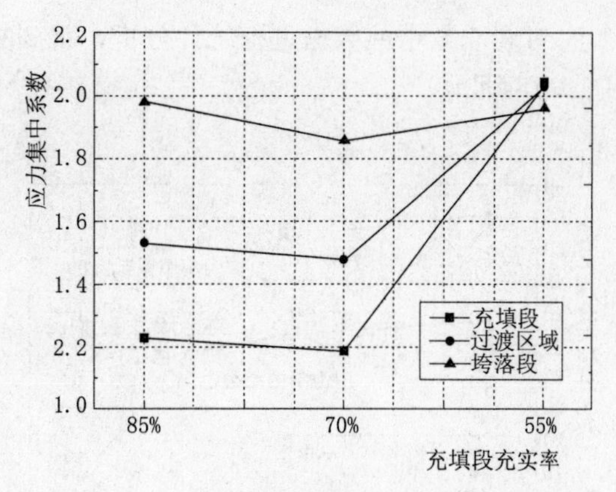

(b) 超前支承应力集中系数

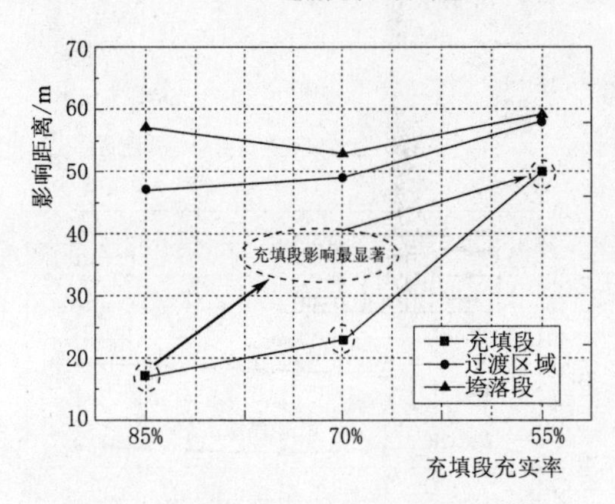

(c) 超前支承应力影响范围

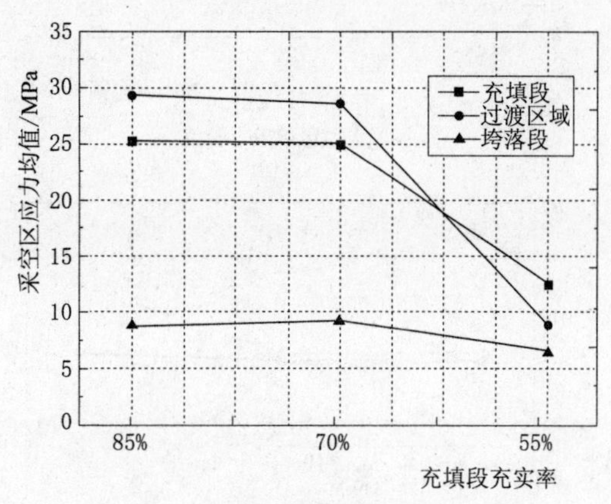

(d) 采空区应力平均值

图 5.17 充实率因素影响工作面走向应力特征

表 5.5 不同充实率沿工作面倾向围岩应力数据统计

	区域/位置	监测目标	85%充实率	70%充实率	55%充实率
沿协同综采面倾向	工作面后方10m	过渡区域应力峰值/MPa	55.34	51.72	13.73
		过渡区域应力集中系数	2.24	2.09	0.56
		充填段平均应力值/MPa	25.47	25.27	10.49
		垮落段平均应力值/MPa	8.97	9.16	7.86
	工作面位置	过渡区域应力峰值/MPa	38.76	36.52	30.27
		过渡区域应力集中系数	1.57	1.48	1.23
		充填段平均应力值/MPa	25.64	25.59	26.26
		垮落段平均应力值/MPa	23.45	22.43	23.21
		过渡区域高应力影响范围/m	5.53	5.21	4.94
	工作面前方5m	过渡区域应力峰值	—	—	—
		过渡区域应力集中系数	—	—	—
		充填段平均应力值/MPa	26.37	26.28	32.70
		垮落段平均应力值/MPa	33.19	35.33	36.25

对表5.5中的数据进行统计分析，得到充实率因素影响工作面倾向围岩应力特征，如图5.18所示。

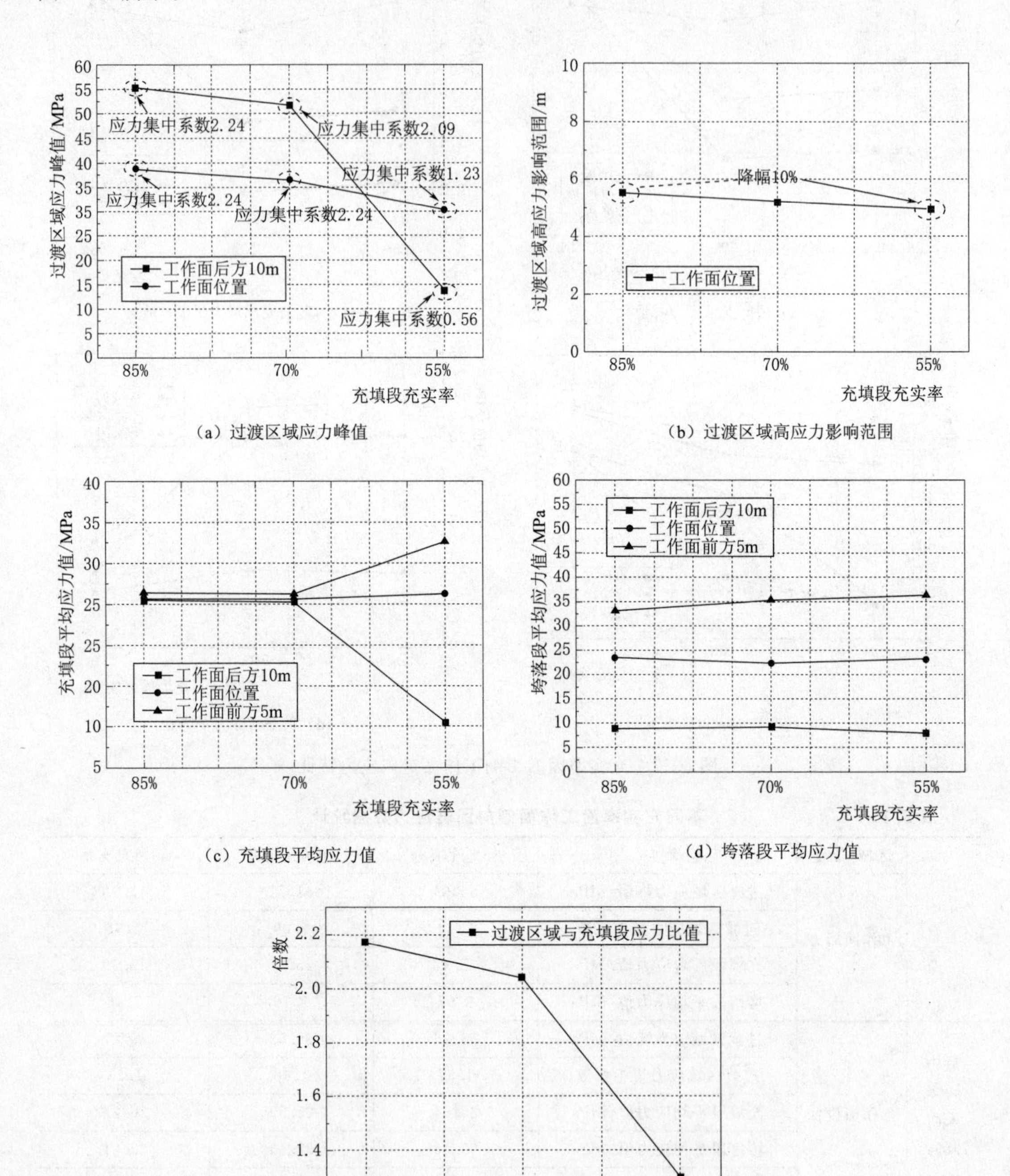

(a) 过渡区域应力峰值

(b) 过渡区域高应力影响范围

(c) 充填段平均应力值

(d) 垮落段平均应力值

(e) 过渡区域与充填段应力比值

图5.18　充实率因素影响工作面倾向围岩应力特征

由图 5.18 分析可知，充实率因素对覆岩倾向应力影响呈现出以下特征。

(1) 随着充实率逐渐降低，工作面和后方位置沿工作面倾向过渡区域应力峰值和应力集中系数均呈下降趋势，但工作面后方位置下降幅度较大；探索其原因可能是随着充实率降低，充填段和过渡段覆岩过渡趋于平缓。

(2) 不同充实率条件下工作面过渡区域高应力影响范围均不超过 6m，随着充实率的降低，影响范围有小幅度降低趋势；过渡区域与充填段应力比随着充实率降低而变小，充实率为 55%时，过渡区域应力峰值仅是充填段的 1.3 倍，采场过渡段支架选型时应注意过渡段应力峰值和影响范围特征，在过渡区域影响范围 6m 内根据充实率适当提高过渡区域支架工作阻力。

(3) 随着充实率逐渐降低，工作面后方 10m 位置充填段平均应力逐渐降低，而工作面前方 5m 位置充填段平均应力逐渐升高，工作面位置变化不明显，分析原因是随着充实率的降低，充填体承担覆岩重量和能力减弱，覆岩应力有向工作面前方煤体转移的趋势。

(4) 随着充实率逐渐降低，工作面及其前后方位置垮落段平均应力值变化不大，说明充填段充实率变化对于远距离处垮落段围岩应力影响能力有限。

5.4 充垮比因素影响特征分析

5.4.1 不同充垮比条件下覆岩变形规律

本节基于采场 85%充实率和协同综采面长度为 220m 条件，研究协同综采面另一主要工程设计参数，即充垮比因素对于采场覆岩移动影响特征。重点分析 70∶150、100∶120、120∶100 及 150∶70 不同充垮比条件下协同综采面覆岩变形规律。

1. 充垮比 70∶150

充垮比 70∶150 条件下协同综采面不同推进距离覆岩基本顶三维下沉曲面如图 5.19 所示。

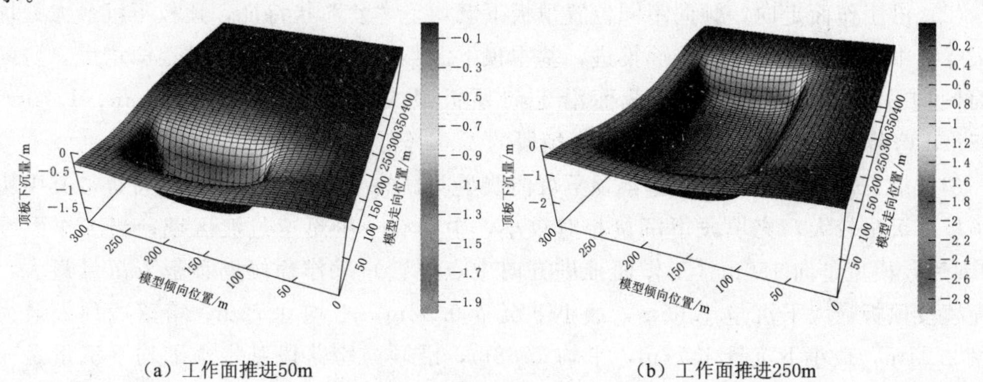

图 5.19 充垮比 70∶150 条件下基本顶三维下沉曲面

使用 Origin 软件进一步分析图 5.19 中的数据，沿工作面倾向和走向作剖面，绘制基本顶下沉曲线，如图 5.20 所示。

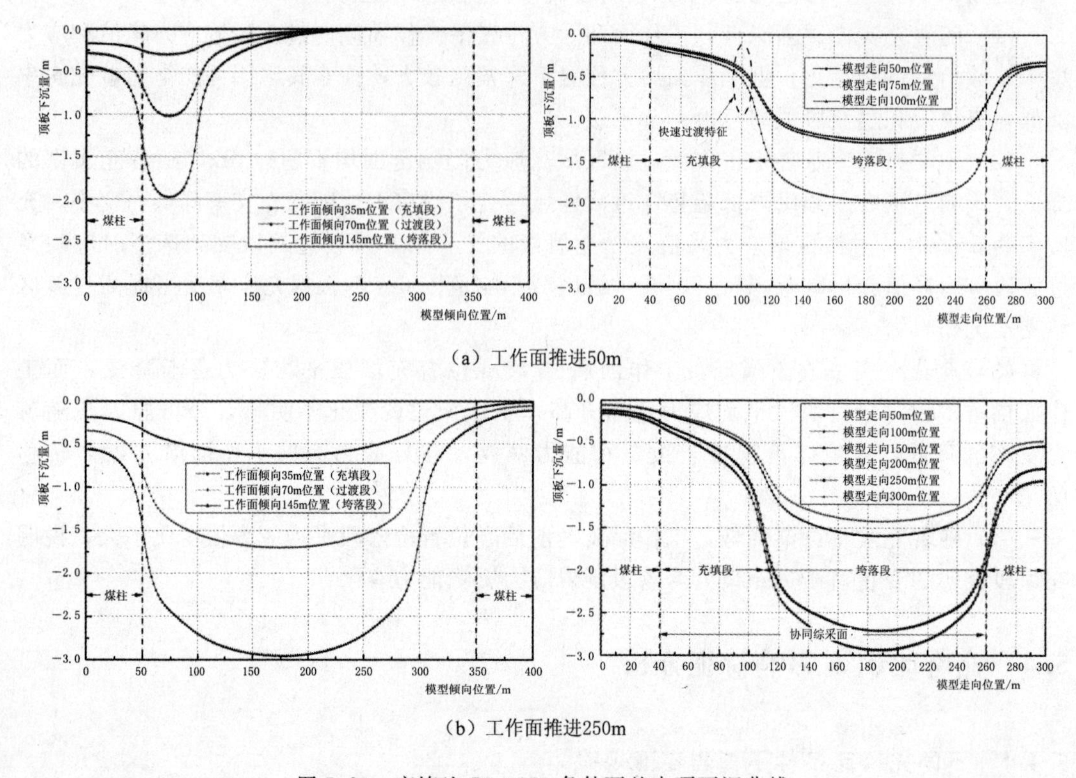

（a）工作面推进50m

（b）工作面推进250m

图 5.20　充垮比 70∶150 条件下基本顶下沉曲线

由图 5.19 和图 5.20 可知，当充垮比为 70∶150 时，协同综采面覆岩基本顶移动呈现下述特征：

（1）覆岩基本顶下沉表现出明显的非对称性特征，垮落段顶板下沉量较大，充填段较小，两段之间存在一个快速过渡区域。

（2）沿工作面走向，倾向不同位置顶板下沉均呈“盆”状特征，顶板下沉最大处均处于采空区中间位置。随着工作面推进，基本顶下沉影响范围和下沉量都逐渐增大，协同综采面倾向 35m、70m 与 145m 截面沿走向顶板最大下沉值分别为 0.64m、1.70m 和 2.95m，垮落段基本顶最大下沉量是充填段的 4.61 倍。

（3）沿工作面倾向，覆岩基本顶下沉曲线呈明显的“勺”状非对称性特征，其中垮落段顶板下沉量较大，充填段下沉量相对较小，中间有一个迅速过渡区域；当工作面推进 250m 后，模型走向 150m（工作面推进方向中点位置）工作面倾向顶板下沉量最大，其中充填段顶板最大下沉量 1.65m，最小下沉量 0.32m，平均 0.72m；垮落段顶板最大下沉量 2.94m，最小下沉量 1.77m，平均 2.68m，沿倾向垮落段基本顶平均下沉量是充填段的 3.72 倍。

2. 充垮比 100∶120

充垮比 100∶120 条件下不同剖面基本顶下沉曲线如图 5.21 所示。

由图 5.21 可知，当充垮比为 100∶120 时，覆岩变形呈现出下述特征：

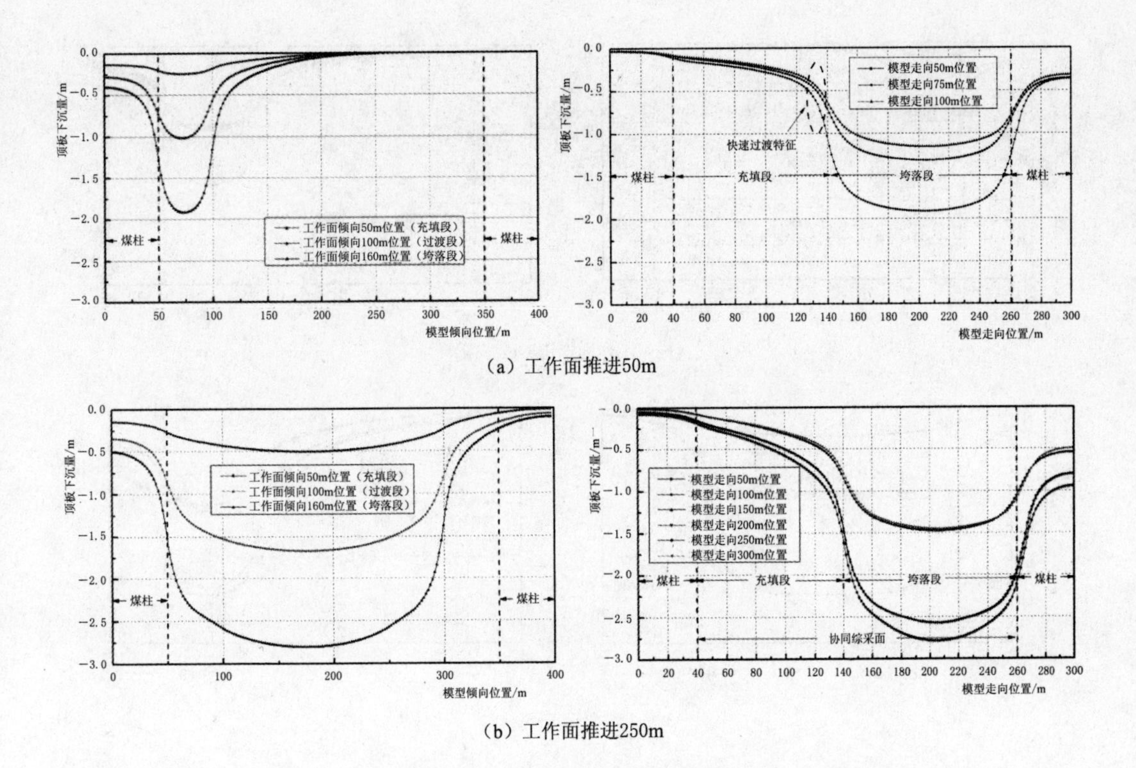

（a）工作面推进50m

（b）工作面推进250m

图 5.21　充垮比 100∶120 条件下不同剖面基本顶下沉曲线

(1) 随着充填段长度增加，垮落段长度相对减小，整个协同综采面覆岩下沉非对称性特征有增强趋势。具体依然表现出垮落段顶板下沉量较大、充填段较小，中间快速过渡区域特征。

(2) 协同综采面倾向 50m、100m 与 160m 截面沿走向顶板最大下沉值分别为 0.50m、1.67m 和 2.80m，沿走向垮落段顶板最大下沉量是充填段的 5.6 倍。

(3) 沿工作面倾向方向，当工作面推进 250m 后，模型走向 150m 工作面倾向顶板下沉量最大，其中充填段顶板最大下沉量 1.48m，最小下沉量 0.19m，平均 0.57m；垮落段顶板最大下沉量 2.79m，最小下沉量 1.62m，平均 2.56m，沿工作面倾向充填段基本顶平均下沉量是充填段的 4.49 倍。

3. 充垮比 150∶70

充垮比 150∶70 条件下覆岩基本顶下沉曲线如图 5.22 所示。

由图 5.22 可知，当充垮比为 150∶70 时，覆岩变形呈现出下述特征：

(1) 随着充填段长度继续增加，垮落段长度更短，垮落段覆岩基本顶下沉量逐渐减小。

(2) 协同综采面倾向 75m、150m 与 185m 截面（充填段、过渡区域和垮落段中部）沿走向顶板最大下沉值分别为 0.36m、1.59m 和 2.39m，沿走向垮落段基本顶最大下沉量是充填段的 5.6 倍。

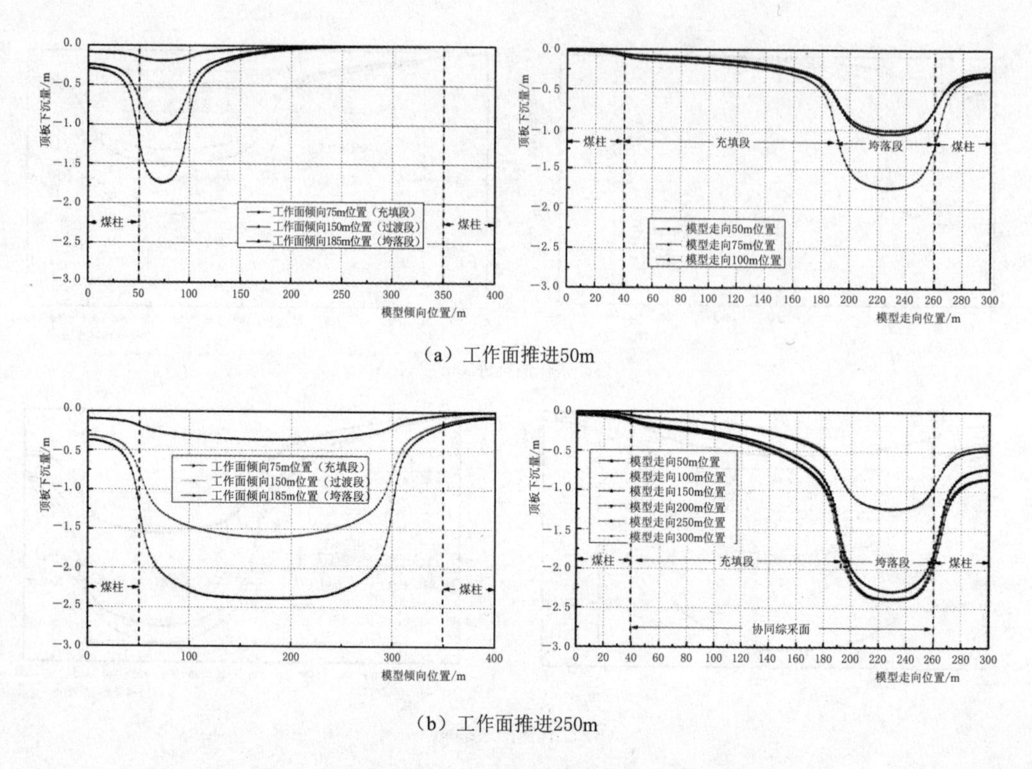

（a）工作面推进50m

（b）工作面推进250m

图 5.22　充垮比 150∶70 条件下覆岩基本顶下沉曲线

（3）沿工作面倾向，当工作面推进 250m 后，模型走向 150m（工作面推进方向中点位置）工作面倾向顶板下沉量最大，其中充填段顶板最大下沉量 1.48m（靠近过渡处），最小下沉量 0.19m，平均 0.57m；垮落段顶板最大下沉量 2.79m（垮落段中间区域），最小下沉量 1.62m，平均 2.56m，沿工作面倾向垮落段基本顶平均下沉量是充填段的 4.49 倍。

对上述数据作进一步整理分析，得到充垮比因素影响覆岩移动特征数据对比如图 5.23 所示。

分析图 5.23 可得以下几点：

（1）协同综采面覆岩顶板下沉呈现明显的分区域规律，整个工作面覆岩移动非对称性特征显著，充垮比因素影响覆岩变形特征显著。

（2）沿工作面走向，当充垮比由 70∶150（0.47）逐渐过渡至 150∶70（2.14），充填段、过渡区域及垮落段覆岩基本顶最大下沉量均发生一定程度的减小。其中，充填段走向基本顶最大下沉量由 0.64m 减小至 0.36m，降幅为 43.8%，过渡区域走向基本顶最大下沉量由 1.7m 减小至 1.58m，降幅为 6.5%，垮落段走向基本顶最大下沉量由 2.95m 减小至 2.39m，降幅为 18.9%，说明充垮比因素对充填段影响长度最大，垮落段次之，对过渡段影响不明显。研究以沿走向垮落段与充填段基本顶下沉量最大值比值表征非对称性程度，当充实率充垮比由 0.47 逐渐过渡至 2.14 水平时，该值由 4.61 增大至 6.64，说明充垮比越大，非对称特征越显著，但变化速率越来越小。

（3）随着充垮比由 70∶150 逐渐过渡至 150∶70，协同综采面倾向充填段和垮落段覆

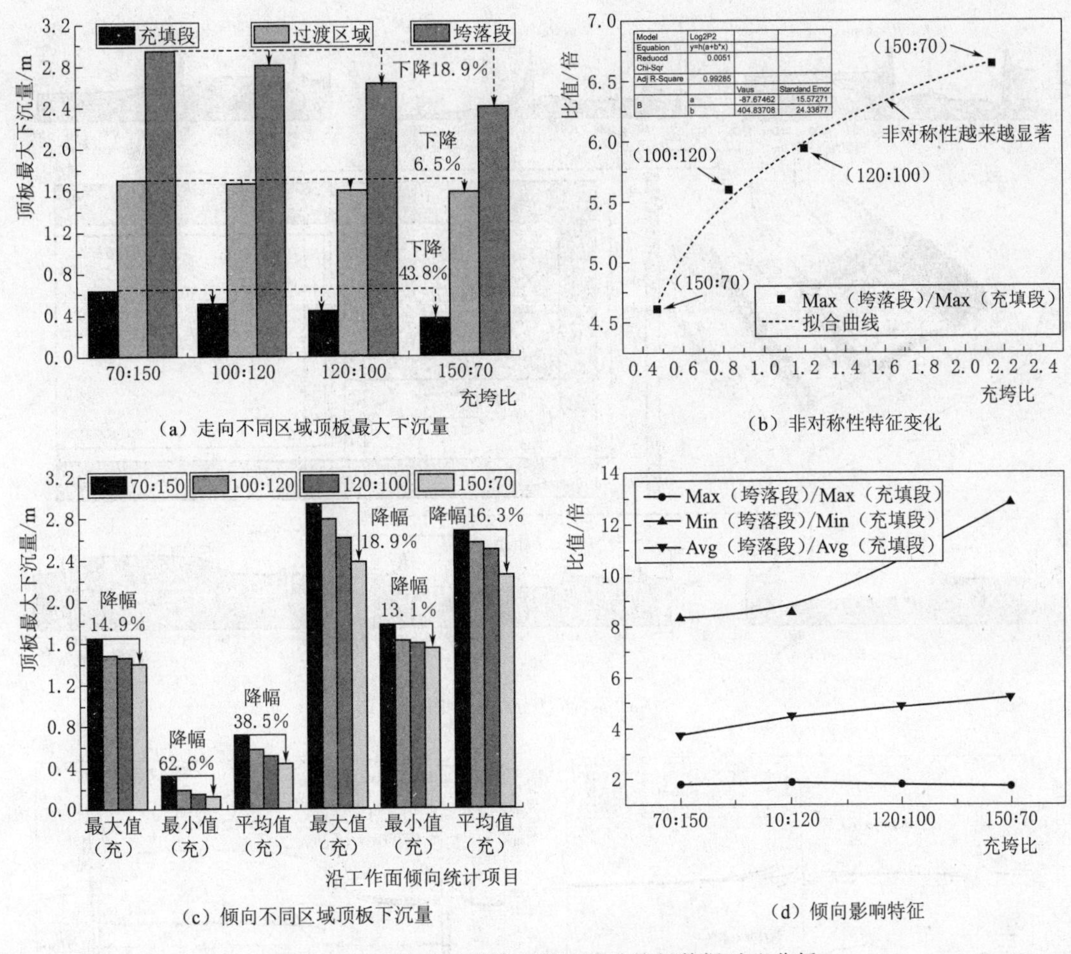

（a）走向不同区域顶板最大下沉量

（b）非对称性特征变化

（c）倾向不同区域顶板下沉量

（d）倾向影响特征

图 5.23　充垮比因素影响覆岩移动特征数据对比分析

岩基本顶下沉最大值、最小值和平均值各项指标均发生变化，其中充填段基本顶下沉量最大值、最小值和平均值各项指标降幅高达 14.9%、62.6%、38.5%，而垮落段降幅为 18.9%、13.1%、16.3%。由此可见，充垮比因素对充填段顶板下沉影响较大，对垮落段影响相对较小；垮落段与充填段最大下沉量和平均下沉量比值均随着充垮比升高而变大，同样说明充垮比越大，覆岩移动非对称性特征越显著。

5.4.2　不同充垮比条件下围岩应力分布规律

本小节分析充垮比为 70：150、100：120、120：100 及 150：70 条件下，工作面推进 150m 时协同综采面采场围岩应力分布规律及其影响特征。

1. 充垮比 70：150

研究沿走向选择协同综采面充填段中部、过渡区域以及垮落段中部 3 个代表性位置研究协同综采面沿走向不同区域围岩应力分布特征；沿倾向选择工作面后部 10m、工作面位置以及超前工作面 5m 位置研究协同综采面沿倾向应力分布特征，具体协同综采面应力分布如图 5.24 所示。

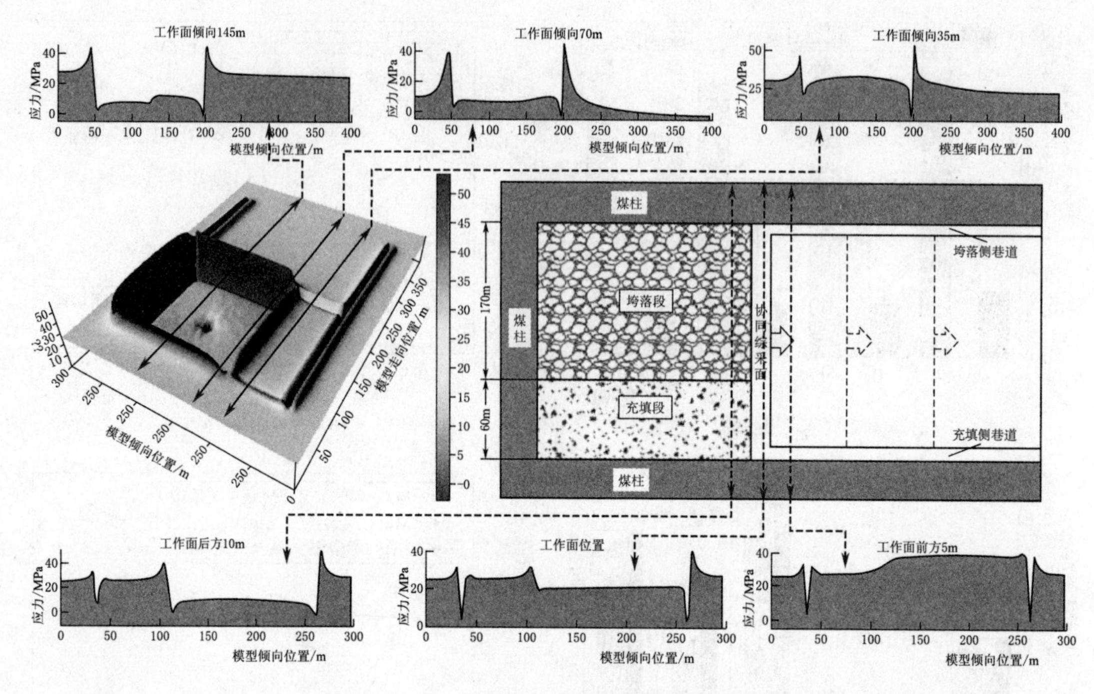

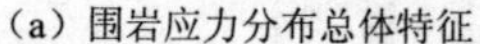

(a) 围岩应力分布总体特征

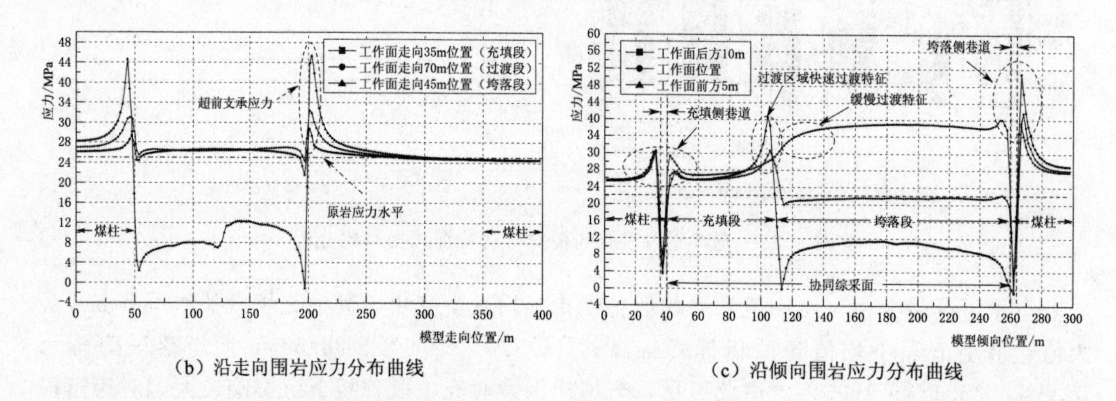

(b) 沿走向围岩应力分布曲线　　　(c) 沿倾向围岩应力分布曲线

图 5.24　充垮比 70∶150 条件下围岩应力分布

由图 5.24 分析可知，充垮比 70∶150 条件下协同综采面围岩应力分布呈现下述规律。

(1) 协同综采面采场围岩应力分布沿走向和倾向均呈现出显著的非对称性特征，工作面和采空区区域充填段应力高于垮落段，工作面前方则表现为垮落段高于充填段，中间存在一个应力快速过渡区域。

(2) 沿工作面走向，协同综采面充填段、垮落段及其两者之间过渡区域在工作面前方均出现超前支承应力区，3 个区域应力峰值分别为 30.78MPa、34.42MPa 和 45.36MPa，应力集中系数分别为 1.25、1.39 和 1.84，超前影响距离分别为 32m、49m 和 62m，工作面不同区域矿压显现程度依次为垮落段＞过渡区域＞充填段，分析原因为充填体降低了充填段超前支承应力峰值和影响范围；采空区充填段、过渡区域与垮落段的应力均值分别为

26.11MPa、26.49MPa 和 8.87MPa，采空区矿压显现程度依次为过渡区域＞充填段＞垮落段，说明充填体有效承载了上覆岩层重量。

(3) 沿工作面倾向，协同综采面及其后方 10m 沿倾向在过渡区域有明显的应力集中现象，应力峰值分别为 32.73MPa 和 40.45MPa，应力集中系数分别达 1.33 和 1.64，工作面过渡区域高应力影响范围仅 5.42m；超前工作面 5m 位置沿倾向充填段和垮落段煤体超前支承应力分段现象显著，但无明显的应力激增现象，应力呈缓慢过渡特征。上述 3 个位置在充填段和垮落段（除过渡区域）矿压显现程度依次为超前工作面 5m＞工作面位置＞工作面后方 10m 位置，所不同的是在充填段上述位置均值分别为 26.17MPa、25.98MPa 和 27.57MPa，应力差异不大，但在垮落段应力均值分别 9.48MPa、21.43MPa 和 38.03MPa，矿压显现差异显著。

(4) 工作面充填侧巷道围岩应力水平明显低于垮落侧巷道围岩应力水平，垮落侧巷道最大应力为 50.87MPa，充填侧巷道最大应力为 32.20MPa，垮落侧是充填侧应力值的 1.57 倍，巷道支护设计时应注意两者的差异区别设计。

2. 充垮比 100：120

协同综采面推进至 150m 距离时围岩应力分布规律如图 5.25 所示。

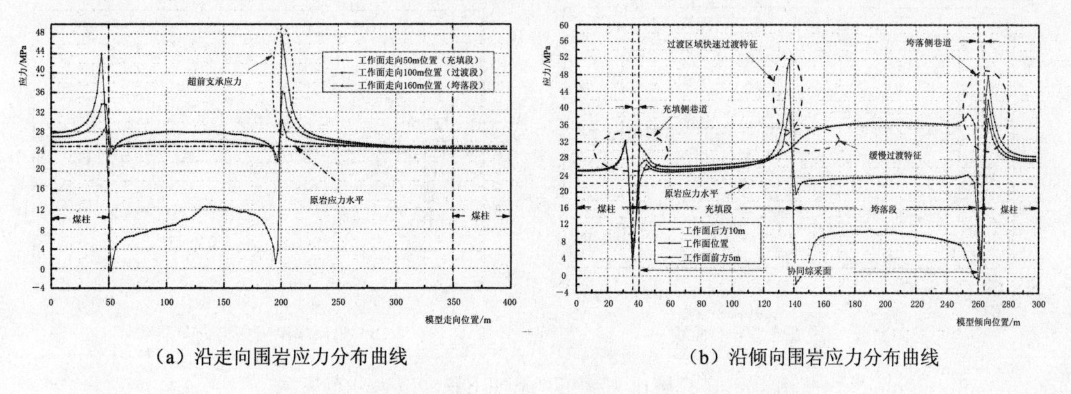

(a) 沿走向围岩应力分布曲线　　(b) 沿倾向围岩应力分布曲线

图 5.25　充垮比 100：120 条件下围岩应力分布规律

由图 5.25 分析可知，充垮比 100：120 条件下协同综采面围岩应力分布呈现下述规律。

(1) 当充垮比为 100：120 时，随着充垮比的增加，协同综采面采场围岩分布依然表现出非对称性特征，但随着充填段长度增加，垮落段长度减小，围岩应力分布区域特征沿倾向区域性变化较大，但应力水平变化较小。

(2) 沿工作面走向方向，协同综采面充填段、垮落段及其两者之间过渡区域依然呈现出显著的超前支承应力区，充填段、过渡区域及垮落段应力峰值分别为 30.38MPa、36.16MPa 和 47.83MPa，应力集中系数分别为 1.23、1.46 和 1.94，支承应力影响距离分别为 24m、48m 和 58m；工作面后部采空区充填段、过渡区域与垮落段的应力均值分别为 25.54MPa、27.14MPa 和 9.12MPa，表明充填体有效承担了充填段覆岩重量。

(3) 沿工作面倾向方向，协同综采面及其后方 10m 位置沿倾向在过渡区域表现出明显的应力集中现象，应力峰值分别为 39.69MPa 和 51.74MPa，应力集中系数分别达 1.61 和 2.09，但过渡区域影响范围仅 5.63m；超前工作面 5m 位置沿倾向煤体超前支承应力垮落段明显大于充填段，分段现象显著，两者之间应力呈缓慢过渡特征。总体上上述 3 个位置在充填段和垮落段（除过渡区域）矿压显现程度依次为超前工作面 5m＞工作面位置＞工作面后方 10m 位置，所不同的是在充填段上述位置均值分别为 25.53MPa、26.03MPa 和 26.93MPa，应力差异不大，但垮落段应力均值分别为 8.34MPa、23.24MPa 和 36.01MPa，矿压显现差异显著。

(4) 工作面充填侧巷道围岩应力水平明显低于垮落侧巷道围岩应力水平，垮落侧巷道最大应力为 47.83MPa，充填侧巷道最大应力为 32.34MPa，垮落侧是充填侧应力值的 1.48 倍，协同综采面两侧巷道围岩应力水平差异明显，巷道支护设计时注意区别对待。

3. **充垮比 150：70**

充垮比 150：70 条件下协同综采面推进至 150m 距离时围岩应力分布规律如图 5.26 所示。

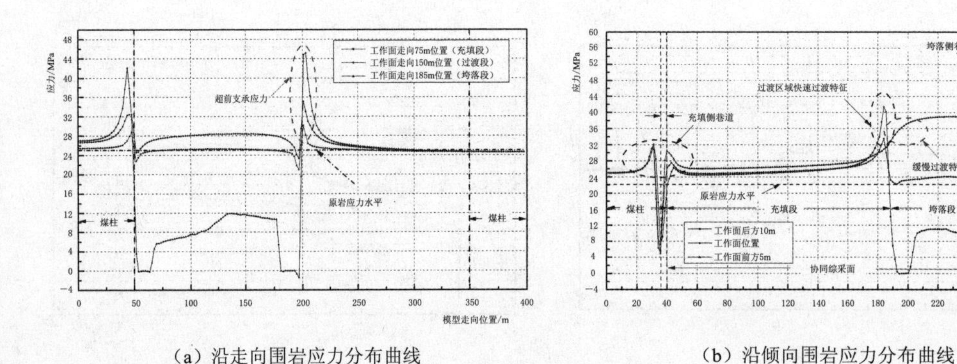

(a) 沿走向围岩应力分布曲线　　(b) 沿倾向围岩应力分布曲线

图 5.26　充垮比 150：70 条件下围岩应力分布规律

由图 5.26 分析可知，充垮比 150：70 条件下协同综采面围岩应力分布呈现下述特征：

(1) 随着充垮比参数继续变化，协同综采面围岩应力分布范围随着充填段与垮落段长度的调整而相应转移，但应力水平变化较小，整体上依然表现出区域性非对称特征。

(2) 沿工作面走向，协同综采面充填段、垮落段及其两者之间过渡区域依然呈现出显著的超前支承应力区，充填段、过渡区域及垮落段超前支承应力峰值分别为 30.09MPa、24.89MPa 和 44.85MPa，应力集中系数分别为 1.22、1.42 和 1.83，支承应力影响距离分别为 8m、44m 和 54m；工作面后部采空区充填段、过渡区域与垮落段的应力均值分别为 24.89MPa、27.64MPa 和 7.10MPa。

(3) 沿工作面倾向，协同综采面及其后方 10m 沿倾向在过渡区域表现出明显的应力集中现象，应力峰值分别为 33.52MPa 和 41.42MPa，应力集中系数分别达 1.36 和 1.68，但过渡区域高应力影响区域依然较短，约 5.71m；超前工作面 5m 位置沿倾向煤体超前支承应力充填段和垮落段分段现象显著，垮落段明显高于充填段，但两者之间应力呈缓慢过渡特征。总体上上述3个位置在充填段和垮落段（除过渡区域）矿压显现程度依次为超前工作面5m＞工作面位置＞工作面后方10m位置，不同的是在充填段上述位置均值分别为25.23MPa、25.53MPa和26.77MPa，应力差异不大，但垮落段应力均值分别为7.10MPa、22.97MPa和36.54MPa，矿压显现差异显著。

(4) 工作面充填侧巷道围岩应力水平明显低于垮落侧巷道围岩应力水平，垮落侧巷道最大应力为50.40MPa，充填侧巷道最大应力为32.06MPa，垮落侧是充填侧应力值的1.57倍。

4. 充垮比因素影响围岩应力分布特征分析

基于上述研究结果，对矿压数据作进一步整理分析，得到沿走向不同充垮比条件下采场围岩应力数据统计结果，见表5.6。

表5.6 不同充垮比沿工作面走向围岩应力数据统计

区域位置		监测目标	70：150	100：120	120：100	150：70
沿协同综采面走向方向	充填段	超前应力峰值/MPa	30.78	30.38	30.49	30.09
		超前应力集中系数	1.246	1.236	1.230	1.218
		影响范围/m	32	24	17	8
		采空区应力均值/MPa	26.11	25.54	25.25	24.89
	过渡区域	超前应力峰值/MPa	34.42	36.16	37.86	35.09
		超前应力集中系数	1.393	1.464	1.53	1.421
		影响范围/m	49	48	47	44
		采空区应力均值/MPa	26.49	27.14	29.33	27.64
	垮落段	超前应力峰值/MPa	45.36	47.83	48.92	44.85
		超前应力集中系数	1.836	1.936	1.98	1.830
		影响范围/m	68	58	57	54
		采空区应力均值/MPa	8.867	9.124	8.86	7.10

基于表5.6绘制充垮比因素影响工作面走向围岩应力特征如图5.27所示。

由图5.27分析可知，充垮比因素对协同综采面走向应力分布有下述影响特征：

(1) 随着充垮比由70：150逐步过渡为150：70，充填段、过渡区域和垮落段超前支承应力峰值和应力集中系数小幅度变化，说明充垮比因素对协同综采面各区域超前支承应力影响较小。

(2) 随着协同综采面充填段长度增加，充填段、过渡区域和垮落段超前支承应力影响范围都逐渐变小，其中垮落段和过渡区域变化幅度较小，分别为24%和14%，而充填段降幅高达75%，说明充垮比因素对充填段超前支承应力影响范围显著。

(3) 随着充垮比的增加，充填段、垮落段和过渡区域采空区应力变化幅度均不显著，说明充垮比因素对采空区应力影响程度较小。

同理，对矿压数据作进一步整理分析，得到不同充垮比条件下沿工作面倾向围岩应力数据统计，结果见表5.7。

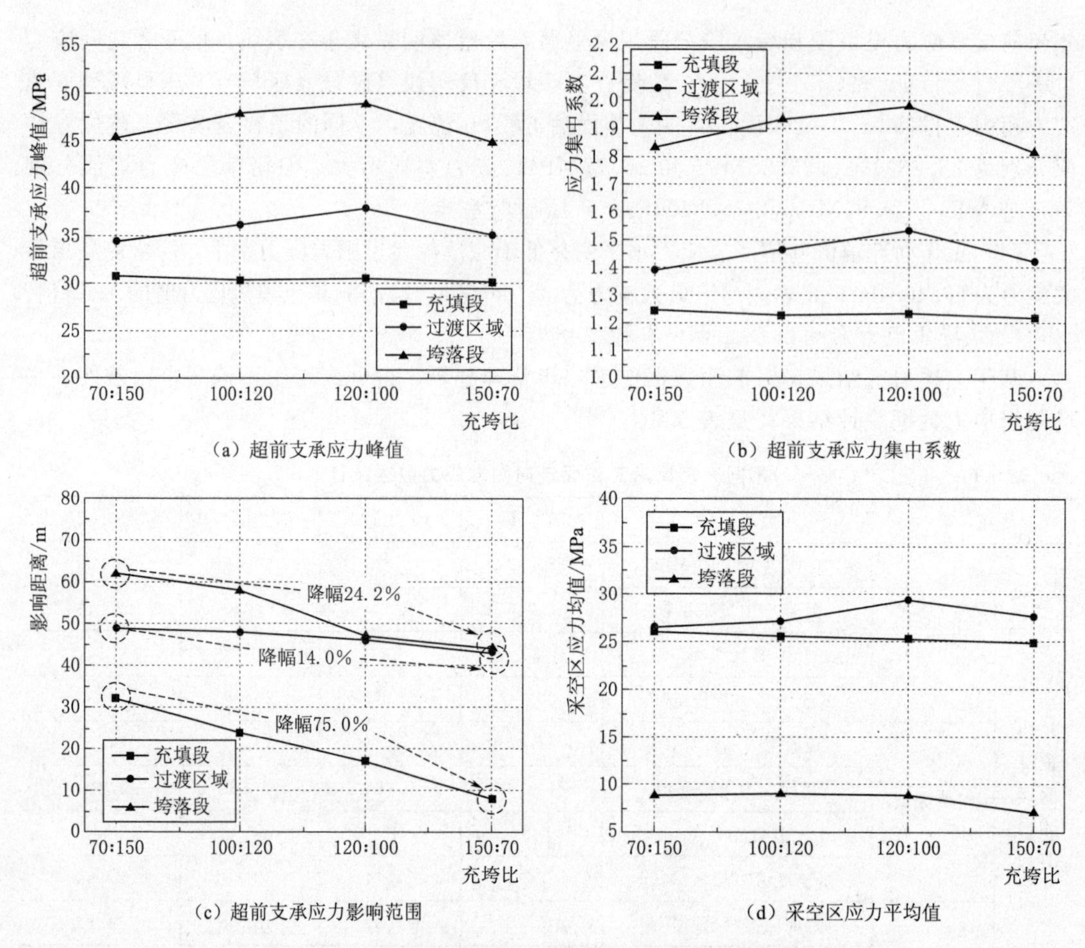

图 5.27　充垮比因素影响工作面走向围岩应力分布特征

表 5.7　　　　不同充垮比条件下沿工作面倾向围岩应力数据统计

区域位置		监测目标	70：150	100：120	120：100	150：70
沿协同综采面倾向方向	工作面后方10m	过渡区域应力峰值/MPa	40.45	51.74	55.34	41.42
		过渡区域应力集中系数	1.638	2.095	2.240	1.677
		充填段平均应力值/MPa	26.17	25.54	25.47	25.23
		垮落段平均应力值/MPa	9.48	8.34	8.97	7.10
	工作面位置	过渡区域应力峰值/MPa	32.73	39.69	38.76	33.52
		过渡区域高应力影响范围/m	5.42	5.53	5.63	5.71
		过渡区域应力集中系数	1.325	1.607	1.570	1.357
		充填段平均应力值/MPa	25.98	26.03	25.64	25.53
		垮落段平均应力值/MPa	21.43	23.24	23.45	22.97
	工作面前方5m	过渡区域应力峰值/MPa	—	—	—	—
		过渡区域应力集中系数	—	—	—	—
		充填段平均应力值/MPa	27.57	26.93	26.85	26.76
		垮落段平均应力值/MPa	38.03	36.01	33.19	32.54

对表 5.7 中的数据进行统计分析，得到充垮比因素影响工作面倾向围岩应力特征结果如图 5.28 所示。

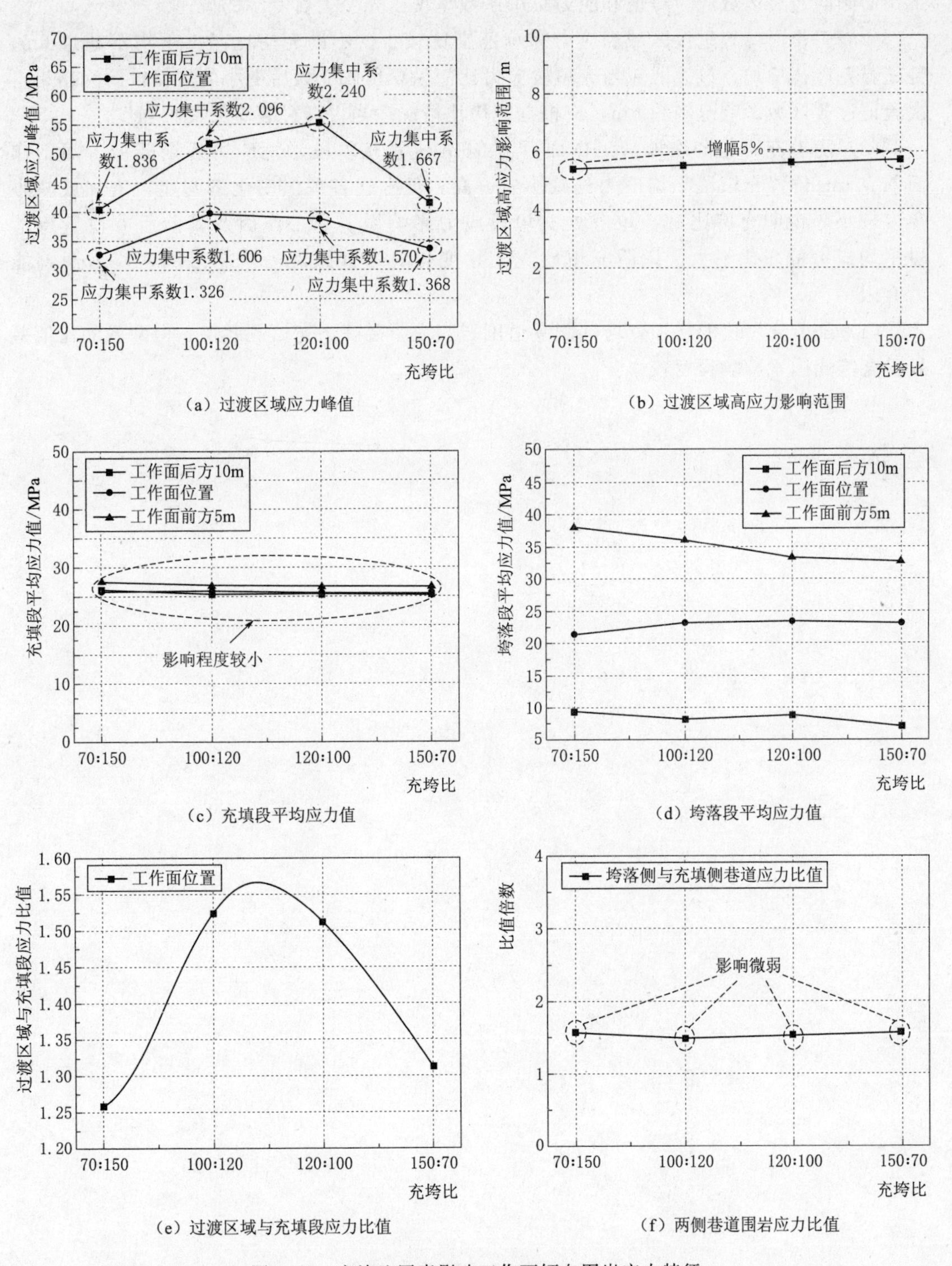

(a) 过渡区域应力峰值　(b) 过渡区域高应力影响范围

(c) 充填段平均应力值　(d) 垮落段平均应力值

(e) 过渡区域与充填段应力比值　(f) 两侧巷道围岩应力比值

图 5.28　充垮比因素影响工作面倾向围岩应力特征

由图 5.28 分析可知，充垮比因素对协同综采面倾向围岩应力分布影响特征如下：

(1) 随着充垮比的变大（工作面充填段长度增加），工作面位置和工作面后方 10m 沿工作面倾向过渡区域应力峰值和应力集中系数呈现出先变大后变小的规律。

(2) 工作面位置过渡区域高应力影响范围比较小，不同充垮比条件下均不超过 6m，且随着充垮比增加，过渡区域与充填段应力比值呈现出先变大后变小的规律，研究结果再次验证过渡区域影响范围约 6m，应根据充垮比情况适当提高过渡支架支护强度。

(3) 随着充垮比的增加，工作面后方 10m 位置充填段平均应力逐渐降低，而工作面前方 5m 位置充填段平均应力先减小后增高，但上述各项值变化不明显，增加或减小幅度较小，说明充垮比对各位置处充填段应力影响微弱；工作面及其前后方位置垮落段平均应力值变化不大，说明充填段充实率变化对于远距离处垮落段围岩应力影响能力有限。

(4) 随着充垮比的增加，垮落侧巷道围岩应力明显高于充填侧巷道，但两者的比值差异受充垮比因素影响程度较小。

第 6 章　协同综采面覆岩破坏机理力学模型分析

本章在总结协同综采面覆岩变形与矿压显现规律基础上，基于充填非线性变形特征和弹性薄板理论，建立了协同综采面局部弹性地基薄板力学模型，结合模型非对称性特征设计力学模型求解方法，采用伽辽金法推导覆岩运动基本顶挠度方程，分析了协同综采面覆岩破坏机理与特征，并结合平煤十二矿具体工程案例，分析了协同综采面覆岩变形特征和规律。

6.1　协同综采面覆岩移动特征

物理模拟和数值模拟结果表明，协同综采面覆岩变形呈现明显的区域性非对称特征。基于数值模拟分析结果，绘制协同综采面不同充实率和充垮比条件下覆岩基本顶塑性发育情况，如图 6.1 所示。

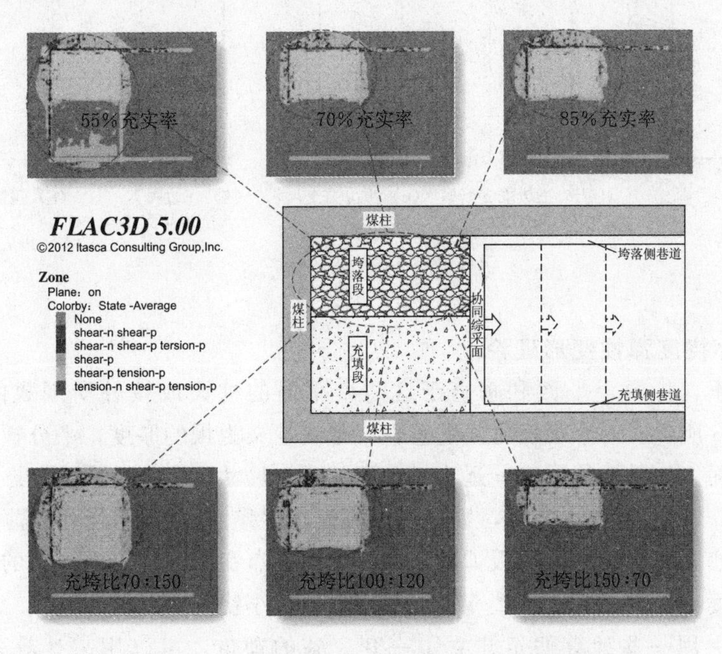

图 6.1　不同开采条件下基本顶塑性发育情况

由图 6.1 分析可知，协同综采面覆岩塑性区发育呈现明显的区域性特征。无论充填段充实率与充垮比参数如何变化，协同综采面垮落段基本顶塑性区随着工作面推进逐渐发育。随着煤层开采，垮落段覆岩失去煤层支撑向采空区方向移动变形，当垮落段悬露顶板到达岩层极限跨距时，基本顶发生周期性破断，相应地在采场发生周期性来压现象，覆岩充分移动变形破坏后自下而上依次分为垮落带、裂隙带和弯曲下沉带“三带”结构；而充填段岩层移动与垮落法差异显著，充填体占据了直接顶垮落空间，不同充填方案不同充实率情况下，充填段覆岩有可能呈现“直接顶-基本顶均破断”“直接顶破断-基本顶弯曲下沉”和“直接顶-基本顶均不破断”特征，无论上述哪种情况，充填段覆岩空间都不存在垮落带结构，仅发育“两带”结构。

基于协同综采面覆岩移动特征，本书基于弹性薄板变形理论，以对采场矿压显现起控制作用的覆岩基本顶为研究对象，建立相应力学模型，分析协同综采面覆岩变形和破坏特征。

6.2 弹性薄板理论及求解方法

国内外学者在进行采场矿压模型力学分析时，通常将覆岩坚硬基本顶视作连续弹性介质[163-164]，将上覆岩层的作用等效为均布载荷，从而将采场煤层开挖后悬露顶板看作结构，将板边界简化为图6.2所示情况[165-169]，从而建立板模型结构研究采场覆岩破断机理及矿压显现规律。本节拟建立协同综采面覆岩基本顶板力学模型，研究协同综采面覆岩破断机理与特征。

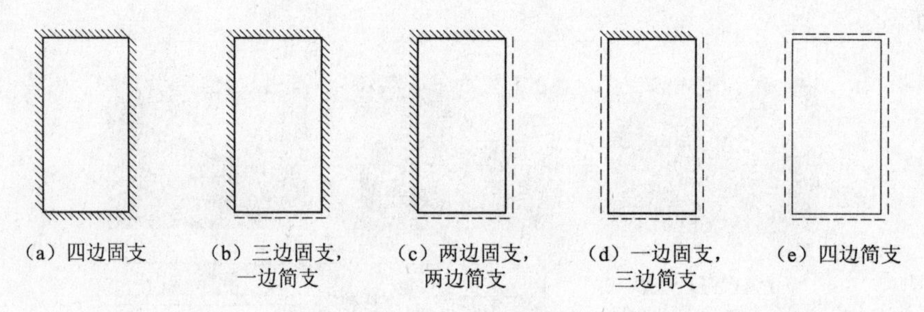

图6.2 板模型边界分类

6.2.1 薄板小挠度弹性变形理论

弹性力学里，将两个平面和垂直于这两个平面的柱面或棱柱所围成的物体简称为“板”，如图6.3所示。两个板面之间的垂直 r 距离定义为板的厚度，平分板厚度 r 的平面简称为板的中面。如果板的厚度 r 远小于中面的最小尺寸 h，当板厚度 r 与中面最小尺寸 h 的比值满足 $1/80 \leqslant r/h \leqslant 1/5$ 时，则可将该板视作“弹性薄板”。当弹性薄板发生弯曲变形时，中面所弯成的曲面称为薄板弹性曲面，中面各点在垂直于中面方向的位移称为板的挠度，定义挠度小于板厚度 r 的1/5情况的变形属于小挠度弯曲问题[170]。对于薄板的弯曲问题，已经引用一些计算假定建立了一套完整的理论，可以用来计算采矿工程上的问题。

根据Kirchhoff理论，为了建立薄板的小挠度弯曲理论，除了引用弹性力学的5个基本假定外，还需满足以下三点假设：

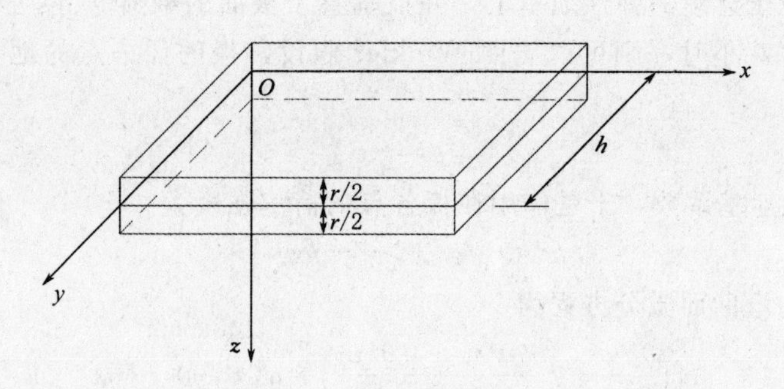

图 6.3 板模型示意

(1) 变形前垂直于中面的直线变形后仍然保持直线，而且其长度不变，该假设即为板壳理论中的“直法线假设”。

(2) 垂直于中面方向的应力分量σ_z、τ_{zx}、τ_{zy}远小于其他应力分量，其引起的变形可以不计，但是对于维持平衡是必要的，这相当于梁的弯曲无挤压应力假设。

(3) 薄板弯曲时，中面各点只有垂直中面的位移，没有平行中面的位移。

根据上述假设，板的中面将没有变形发生，板的中面位移函数$w(x,y)$称为挠度函数。按位移求解，可建立弹性薄板弯曲微分方程，即

$$\left(\frac{\partial^4 w}{\partial x^4}+2\frac{\partial^4 w}{\partial x^2\partial y^2}+\frac{\partial^4 w}{\partial y^4}\right)=\frac{q(x,y)}{D} \tag{6.1}$$

式中 $q(x, y)$——板上覆载荷集度；

D——板弯曲刚度，其计算式为

$$D=\frac{Eh^3}{12(1-\mu^2)} \tag{6.2}$$

式中 E——板的弹性模量；

μ——泊松比。

板的弯矩扭矩方程式为

$$\left.\begin{aligned}M_x&=-D\left(\frac{\partial^2 w}{\partial x^2}+\mu\frac{\partial^2 w}{\partial y^2}\right)\\M_y&=-D\left(\frac{\partial^2 w}{\partial y^2}+\mu\frac{\partial^2 w}{\partial x^2}\right)\\M_{xy}&=-D(1-\mu)\frac{\partial^2 w}{\partial x\partial y}\end{aligned}\right\} \tag{6.3}$$

薄板弯曲的平面应力分量为

$$\left.\begin{aligned}\sigma_x&=\frac{12M_x z}{h^3}\\\sigma_y&=\frac{12M_y z}{h^3}\\\tau_{xy}&=\frac{12M_{xy} z}{h^3}\end{aligned}\right\} \tag{6.4}$$

若弹性薄板位于连续的弹性地基上，并被垂直于板面的载荷 $q(x, y)$ 所弯曲。当挠度的值较板的厚度甚小时，则可以按照 Winkler 假设，板的任一点的地基反力 p 与该点的挠度成正比，即

$$p=kw \tag{6.5}$$

k 为薄板弹性地基系数，于是作用在板各点的荷重强度为

$$Q=q(x,y)-kw \tag{6.6}$$

弹性地基板的弯曲面微分方程为

$$D\left(\frac{\partial^4 w}{\partial x^4}+2\frac{\partial^4 w}{\partial x^2 \partial y^2}+\frac{\partial^4 w}{\partial y^4}\right)=q(x,y)-kw \tag{6.7}$$

6.2.2　薄板弯曲变形求解方法

薄板弯曲有以下几种常用解法。

1. 解析法[171-173]

一般先分别求出板弯曲控制方程和地基模型的控制微分方程的解析解，再根据板与地基相互作用处的位移、边界条件和应力连续性，得到问题的解答。该方法一般会在数学计算方面有很大难度，为了简化问题，专家学者一般把问题分解为双轴对称、双轴反对称、对称反对称这三类问题求解。

2. Ritz 法[174-175]

工程实际中，精确解通常无法求得。Ritz 提出了一种近似解法。在满足边界条件的前提下，首先选一个挠度势函数表示薄板的弯曲面特征，即

$$w(x,y)=\sum_{i=1}^{\infty} c_i \varphi_i(x,y) \tag{6.8}$$

它的每一项 $\varphi_i(x,y)$ 都满足已知的位移边界条件，而每一项的系数 c_i 为待定的，这样就可通过选取合适的系数 c_i，使挠度函数最大限度地满足薄板的弯曲微分方程。根据最小势能原理，当薄板变形平衡稳定后，其总的位能 I 应为最小，并由变分原理[176-179]可知，对每个特殊的问题，就是去确定一组满足位移边界条件的系数，使总位能的变分为 0。将式（6.8）代入总位能的计算公式（6.9），即

$$I=\iint\left\{\frac{D}{2}\left\{\left(\frac{\partial^2 w}{\partial x^2}+\frac{\partial^2 w}{\partial y^2}\right)^2-2(1-u)\left[\frac{\partial^2 w}{\partial x^2}\frac{\partial^2 w}{\partial y^2}-\left(\frac{\partial^2 w}{\partial x \partial y}\right)^2\right]\right\}-qw\right\}\mathrm{d}x\,\mathrm{d}y \tag{6.9}$$

$$\frac{\partial I}{\partial c_i}=0 \tag{6.10}$$

其中，$i=1, 2, 3, \cdots$。由式（6.10）得到 i 个 c_1，c_2，c_3，…，c_i 的线性方程组，联合求解并将它们代回式（6.8），即得薄板弯曲变形的近似解。

3. Galerkin 法[180-181]

Galerkin 法可不用计算薄板的变形能，求出薄板弯曲微分方程的近似解。所以，当在一定位移边界条件下求解薄板弯曲微分方程的精确解较难时，便可尝试使用 Galerkin 法。为了使误差尽可能减小，假设近似解 $w(x,y)$ 为级数的形式，表达式的形式为

$$w(x,y)'=\sum_{i=1}^{\infty} a_i \varphi_i(x,y) \tag{6.11}$$

式（6.11）中的每项均满足边界条件，但并不符合薄板弯曲的微分方程。系数 a_i 的引入是为了尽可能减小势函数代入薄板控制方程后的误差，从而使结果更接近精确解。产生的误差表达式为

$$R(x,y)=D\left(\frac{\partial^4 w'}{\partial x^4}+2\frac{\partial^4 w'}{\partial x^2\partial y^2}+\frac{\partial^4 w'}{\partial y^4}\right)-q \tag{6.12}$$

式（6.12）表示薄板的微元体上存在不平衡力，对于虚位移 δw，$R(x,y)$ 所做的功为 0，因此对于不同的虚位移 δw 是可满足虚功为零。选择虚位移 $w(x,y)'$，使其对板整体虚功的总值为零的表达式为

$$\iint R(x,y)\mathrm{d}x\mathrm{d}y=\iint\left[D\,\nabla^2\nabla^2\sum_{i=1}^{\infty}a_i\varphi_i(x,y)-q\right]\mathrm{d}x\mathrm{d}y\varphi_i(x,y)=0 \tag{6.13}$$

式中 $i=1$，2，3，…，于是求解关于待定系数 a_i 的线性方程组即可计算出 a_i 的具体表达式。

4. *数值法*[183-184]

数值解法中，有限单元法的应用最为普遍。对于弹性地基薄板，使用直接法或子结构法来分析它的静力学和动力学问题相对较为合适。直接法是将板与地基同时进行离散，这种方法虽然能输出全部计算信息，但大的自由度也给计算带来很大不便。子结构法是将板和地基分别作为独立结构进行有限元离散，在地基与基础板的交界处设置共同的节点。把薄板结构单元的刚度和弹性地基单元内部的自由度分别转化到弹性地基薄板的顶面和底面，从而求出薄板的变形。

6.3 协同综采面局部弹性地基薄板模型建立与求解

本章基于薄板小挠度弹性变形理论，根据采场不同状态及边界条件，建立协同综采面覆岩弹性薄板模型并进行求解，研究协同综采采场覆岩破坏机理和变形特征。

6.3.1 局部弹性地基薄板模型的建立

在进行协同综采覆岩变形板模型力学分析时，首先根据充填状态对采场模型进行分类。若采场实施自然落料充填，根据后部刮板输送机尺寸及支架顶梁厚度推断可知采场未充填高较大，该种情况下充填体充实率较低，顶板破断前充填体未能对直接顶和基本顶形成有效约束并对覆岩变形起到抑制作用，认为充填段顶板在未接触充填时已发生破断，故不能采用弹性地基处理方式。自然落料充填时采场顶板破断特征可参考常规垮落法开采计算方法。本章节主要讨论充填体接顶密实充填状态的顶板变形分析。

自开切眼开始，随着协同综采面不断推进，采场垮落段顶板逐渐暴露，充填段顶板在充填体支承作用下发生协调变形。本书以对采场矿压显现影响有显著作用的基本顶为研究对象，当悬露面积达到基本顶极限跨距时，基本顶发生初次断裂。协同综采面初次断裂前采场围岩结构示意如图 6.4 所示。

协同综采面总长度通常达 200m 以上，走向长度也达 1000m，采场上覆基本顶岩层厚度通常达 6～15m。协同综采覆岩基本顶厚度与长度尺寸满足板定义特征，故可将其基本顶视作薄板模型，运用薄板变形理论分析采场覆岩破断特征。

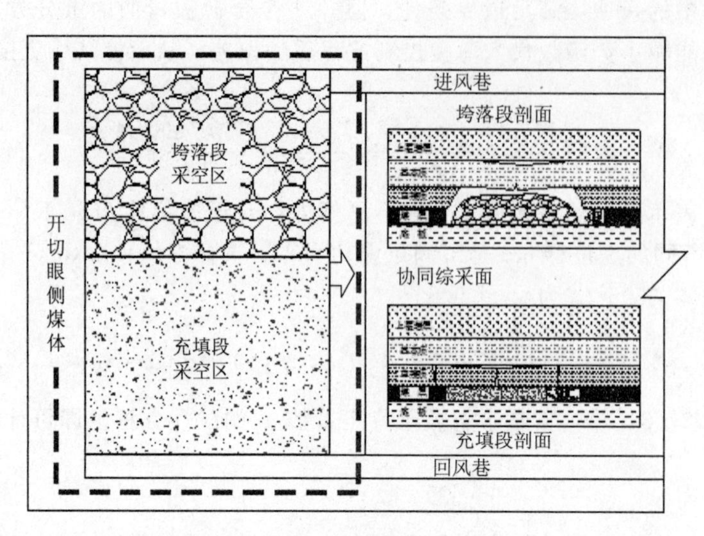

图 6.4　初次断裂采场围岩结构示意

基于采场充填部分垮落特征，将充填段采空区充填体与破断直接顶视为复合弹性地基；以工作面推进方向为 y 轴，工作面倾向为 x 轴，过渡处为坐标原点。协同综采面四周煤体约束条件可视作简支边界。建立协同综采初次断裂前局部弹性地基薄板力学模型如图 6.5 所示。

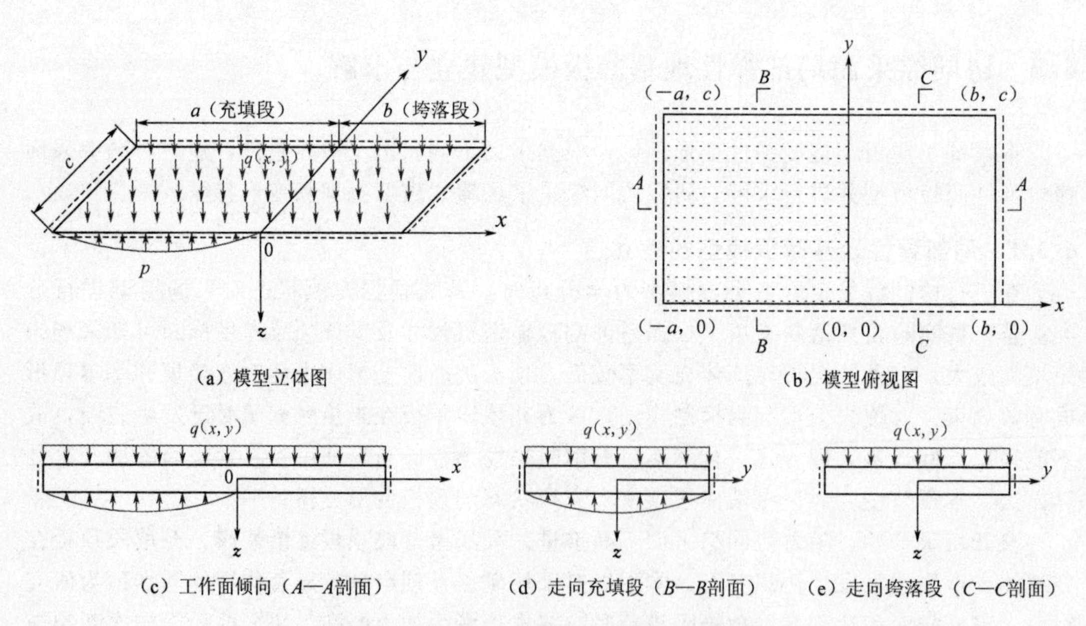

图 6.5　基本顶局部弹性地基薄板力学模型

图中 a 为协同综采面充填段长度，b 为垮落段长度，c 为推进距离。基本顶岩层受力呈现明显的区域性特征，整个基本顶均承受上部岩层载荷 q 的作用，不同的是充填段基本顶下部受到充填体和破断直接顶的支撑作用，将其共同视作弹性地基，地基反力为 P。解

决工程问题时普遍运用多是线性弹性地基模型，根据 Winkler 弹性地基理论，地基反力 P 计算式为

$$P=k_{d}w \tag{6.14}$$

6.3.2 基于 Galerkin 解析法力学模型求解

结合第 3 章、第 5 章研究结果可知，协同综采面充填段和垮落段基本顶下沉呈现明显的非对称性特征，充填段与垮落段覆岩变形特征差异显著。按照常规薄板模型解法，在整个求解区域里选取一种形式的势函数难度极大，即使假设势函数能够满足所有边界条件，但往往函数求解精度较低，难以满足计算精度要求。基于协同综采面基本顶非对称性局部弹性地基且区域规则矩形特征，本书基于薄板变形半解析法思路和伽辽金解法，求解协同综采面非均匀弹性地基薄板模型弯曲问题，具体求解流程设计如图 6.6 所示。

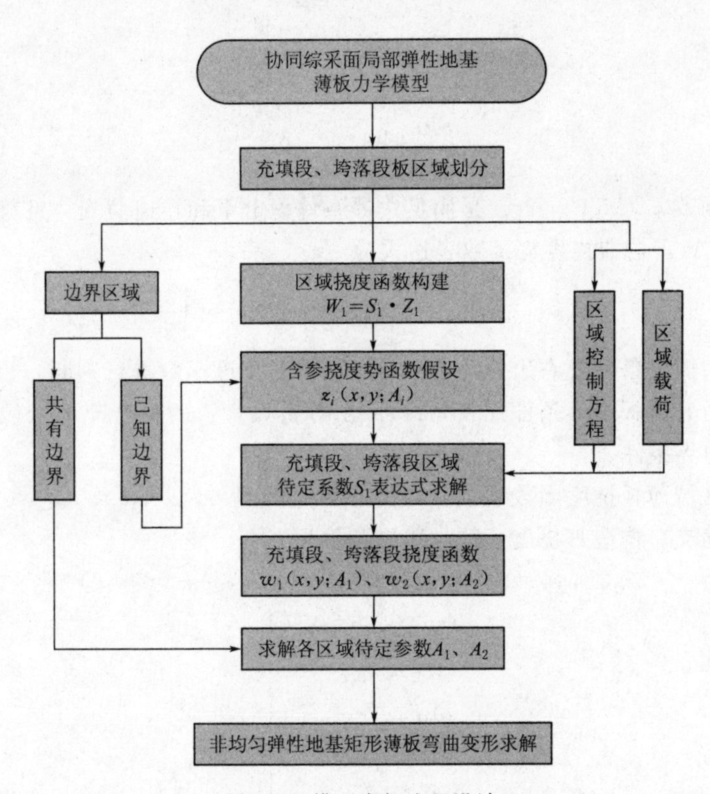

图 6.6 模型求解流程设计

1. 区域控制方程

为了求解协同综采面覆岩基本顶的薄板弯曲变形，将协同综采面基本顶整块薄板进行划分，分解为充填段和垮落段，充填段和垮落段拥有共同边界。充填段和垮落段各自矩形区域薄板的控制方程可分别表达为

$$D\nabla^{4}w_{1}(x,y)+k_{d}w_{1}(x,y)=q(x,y) \tag{6.15}$$

$$D\nabla^{4}w_{2}(x,y)=q(x,y) \tag{6.16}$$

式中 $w_1(x,y)$ ——充填段基本顶挠度方程；

$w_2(x,y)$——垮落段基本顶挠度方程；

$q(x,y)$——上覆岩层等效载荷；

k_d——充填段复合弹性地基系数。

对不同区域单独给出控制方程，主要目的是简化充填段和垮落段各自挠度势函数的构造，也方便计算机数值计算求解。

2. 薄板分区域挠度函数构建

(1) 充填区域薄板挠度函数假设。充填区域薄板边界区域为 $-a\leqslant x\leqslant 0$，$0\leqslant y\leqslant c$，弹性地基系数为 k_d，该区域上、下和左边边界简支，其挠度函数与边界条件为

$$w_1(x,y)=S_1 z_1(x,y;A_1) \quad -a\leqslant x\leqslant 0;\ 0\leqslant y\leqslant c \tag{6.17}$$

$$\left.\begin{aligned}&(w_1)_{x=-a}=0\\&(w_1)_{y=0,c}=0\\&\left(\frac{\partial w_1}{\partial x}\right)_{x=-a}=0\\&\left(\frac{\partial w_1}{\partial y}\right)_{y=0,c}=0\end{aligned}\right\} \tag{6.18}$$

式中，势函数 $z_1(x,y;A_1)$ 是满足边界条件为上下和左边简支，且势函数 $z_1(x,y;A_1)$ 含有参数 A_1，构造挠度势函数表达式为

$$z_1(x,y;A_1)=\sin(A_1(x+a))\sin\left(\frac{\pi y}{c}\right) \tag{6.19}$$

根据板三边简支条件及右边公共边的特点，针对挠度函数进行判断，检验势函数是否满足充填区域所有薄板边界条件式（6.18）。由分析可知，所构造充填区域势函数 $z_1(x,y;A_1)$ 满足边界条件。

(2) 垮落区域薄板挠度函数假设。垮落区域边界为 $0\leqslant x\leqslant b$、$0\leqslant y\leqslant c$，该区域上、下和右边边界简支。构造其挠度函数与边界条件为

$$w_2(x,y)=S_2 z_2(x,y;A_2) \quad 0\leqslant x\leqslant b;\ 0\leqslant y\leqslant c \tag{6.20}$$

$$\left.\begin{aligned}&(w_2)_{x=b}=0\\&(w_2)_{y=0,c}=0\\&\left(\frac{\partial w_2}{\partial x}\right)_{x=b}=0\\&\left(\frac{\partial w_2}{\partial y}\right)_{y=0,c}=0\end{aligned}\right\} \tag{6.21}$$

式中，势函数 $z_2(x,y;A_2)$ 是满足边界条件为三边简支且含有参数 A_2，构造其势函数表达式为

$$z_2(x,y;A_2)=\sin(A_2(b-x))\sin\left(\frac{\pi y}{c}\right) \tag{6.22}$$

根据板三边简支条件及左边公共边界的特点，针对挠度函数进行判断，检验势函数是否满足垮落区域薄板所有边界条件式（6.21）。由分析可知，本书所构造垮落区域势函数满足要求。

3. 区域挠度函数求解

本书选择 Galerkin 法分别求解充填区域和垮落区域各自的挠度函数。

Galerkin 法假设虚位移所做功为 0，满足式（6.23）所示虚位移对板整体虚功的总值为 0 的表达式，即

$$\iint [\sum D \nabla^4 S_i z_i(x,y;A_i) + k_d S_i z_i(x,y;A_i) - q] \cdot z_i(x,y;A_i) \mathrm{d}x \mathrm{d}y = 0 \tag{6.23}$$

充填区域的求解，应用 Galerkin 法，函数求解满足式（6.24），即

$$[M_1] \cdot S_1 = [N_1] \tag{6.24}$$

其中 M_1 和 N_1 满足式（6.25），即

$$[M_1] = \int_0^c \int_{-a}^0 (D \nabla^4 z_1(x,y;A_1) + k_d z_1(x,y;A_1)) \cdot z_1(x,y;A_1) \mathrm{d}x \mathrm{d}y$$

$$[N_1] = \int_0^c \int_{-a}^0 q z_1(x,y;A_1) \mathrm{d}x \mathrm{d}y \tag{6.25}$$

其中 $\nabla^4 z_1(x,y;A_1)$ 的计算参见式（6.26），即

$$\nabla^4 w(x,y) = \left(\frac{\partial^4 w}{\partial x^4 \partial y} + 2\frac{\partial^4 w}{\partial^2 x \partial^2 y} + \frac{\partial^4 w}{\partial^4 y}\right) \tag{6.26}$$

联立式（6.24）至式（6.26），得到式（6.27）。

$$S_1 = \left(\left(\int_0^c \int_{-a}^0 \left(D \nabla^4 \left(\sin(A_1(x+a))\sin\left(\frac{\pi y}{c}\right)\right) + k_d\left(\sin(A_1(x+a))\sin\left(\frac{\pi y}{c}\right)\right)\right) \cdot \left(\sin(A_1(x+a))\sin\left(\frac{\pi y}{c}\right)\right) \mathrm{d}x \mathrm{d}y\right)\right)^{-1} \cdot \int_0^c \int_{-a}^0 q\left(\sin(A_1(x+a))\sin\left(\frac{\pi y}{c}\right)\right) \mathrm{d}x \mathrm{d}y \tag{6.27}$$

将式（6.27）代入式（6.17），得到充填段挠度方程表达式为

$$w_1(x,y) = \left(\left(\int_0^c \int_{-a}^0 \left(D \nabla^4 \left(\sin(A_1(x+a))\sin\left(\frac{\pi y}{c}\right)\right) + k_d\left(\sin(A_1(x+a))\sin\left(\frac{\pi y}{c}\right)\right)\right) \cdot \left(\sin(A_1(x+a))\sin\left(\frac{\pi y}{c}\right)\right) \mathrm{d}x \mathrm{d}y\right)\right)^{-1} \cdot \left(\int_0^c \int_{-a}^0 q\left(\sin(A_1(x+a))\sin\left(\frac{\pi y}{c}\right)\right) \mathrm{d}x \mathrm{d}y\right) \cdot \left(\left(\sin(A_1(x+a))\sin\left(\frac{\pi y}{c}\right)\right)\right) \tag{6.28}$$

利用数值计算软件，对 $w_1(x,y)$ 进行整理简化，最终得到充填区域挠度方程式为

$$w_1(x,y) = -\frac{\left((8(\cos(A_1 a)-1)qc^4) \cdot \left(\left(\sin(A_1(x+a)) \cdot \sin(\frac{\pi y}{c})\right)\right)\right)}{\left[\begin{array}{l}\pi(A_1^5 Dac^4 - \sin(A_1 a)\cos(A_1 a)A^4 Dc^4 + 2A_1^3 D\pi^2 ac^2 - \\ 2\sin(A_1 a)\cos(A_1 a)A_1^2 D\pi^2 c^2 + A_1 D\pi^4 a + A_1 ac^4 k - \\ \sin(A_1 a)\cos(A_1 a)D\pi^4 - \sin(A_1 a)\cos(A_1 a)kc^4)\end{array}\right]} \tag{6.29}$$

垮落区域的求解，同样应用Galerkin法，满足式（6.30），即

$$[M_2]\cdot S_2=[N_2] \tag{6.30}$$

其中M_2和N_2满足式（6.31），即

$$[M_2]=\int_0^c\int_0^b (D\nabla^4 z_2(x,y;A_2))\cdot z_2(x,y;A_2)\mathrm{d}x\mathrm{d}y$$

$$[N_2]=\int_0^c\int_0^b q z_2(x,y;A_2)\mathrm{d}x\mathrm{d}y \tag{6.31}$$

联立式（6.29）至式（6.31），得到S_2表达式为

$$S_2=\left(\left(\int_0^c\int_0^b\left(D\nabla^4\left(\sin(A_2(b-x))\sin\left(\frac{\pi y}{c}\right)\right)\right)\cdot\left(\sin(A_2(b-x))\sin\left(\frac{\pi y}{c}\right)\right)\mathrm{d}x\mathrm{d}y\right)\right)^{-1}\cdot$$
$$\int_0^c\int_0^b q\left(\sin(A_2(b-x))\sin\left(\frac{\pi y}{c}\right)\right)\mathrm{d}x\mathrm{d}y \tag{6.32}$$

将式（6.32）代入式（6.20），得到充填段挠度方程表达式为

$$w_2(x,y)=\left(\left(\int_0^c\int_0^b\left(D\nabla^4\left(\sin(A_2(b-x))\sin\left(\frac{\pi y}{c}\right)\right)\right)\cdot\left(\sin(A_2(b-x))\sin\left(\frac{\pi y}{c}\right)\right)\mathrm{d}x\mathrm{d}y\right)\right)^{-1}\cdot$$
$$\left(\int_0^c\int_0^b q\left(\sin(A_2(b-x))\sin\left(\frac{\pi y}{c}\right)\right)\mathrm{d}x\mathrm{d}y\right)\cdot\left(\sin(A_2(b-x))\sin\left(\frac{\pi y}{c}\right)\right) \tag{6.33}$$

利用数值计算软件，对$w_2(x,y)$进行整理简化，最终得到充填区域挠度方程为

$$w_2(x,y)=\frac{-8(\cos(A_2b)-1)qc^4\cdot\left(\left(\sin(A_2(b-x))\cdot\sin\left(\frac{\pi y}{c}\right)\right)\right)}{\pi D(A_2{}^5bc^4+2A_2{}^3b\pi^2c^2+A_2b\pi^4-\cos(A_2b)\sin(A_2b)B^4c^4-2\cos(A_2b)\sin(A_2b)B^2\pi^2c^2-\cos(A_2b)\sin(A_2b)\pi^4)} \tag{6.34}$$

至此求出带参数A_1、A_2的充填区域与垮落区域挠度方程。

4. 参数值A_1、A_2的确定

充填段和垮落段挠度函数的求解需要确定参数A_1、A_2的值。显然，充填区域和垮落区域有一条公共边界，满足式（6.35）所示连续性条件，即

$$\left.\begin{aligned}
&w_1|_{x=0}=w_2|_{x=0}\\
&\left.\frac{\partial w_1}{\partial_y}\right|_{x=0}=\left.\frac{\partial w_2}{\partial_y}\right|_{x=0}\\
&\left.\frac{\partial^2 w_1}{\partial_y{}^2}\right|_{x=0}=\left.\frac{\partial^2 w_2}{\partial_y{}^2}\right|_{x=0},\left.\frac{\partial^2 w_1}{\partial_x\partial_y}\right|_{x=0}=\left.\frac{\partial^2 w_2}{\partial_x\partial_y}\right|_{x=0}\\
&\left.\left(\frac{\partial^3 w_1}{\partial_y^3}+(2-\mu)\cdot\frac{\partial^3 w_1}{\partial_x^2\partial_y}\right)\right|_{x=0}=\left.\left(\frac{\partial^3 w_2}{\partial_y^3}+(2-\mu)\cdot\frac{\partial^3 w_2}{\partial_x^2\partial_y}\right)\right|_{x=0}
\end{aligned}\right\} \tag{6.35}$$

联立式（6.29）、式（6.34），利用式（6.35）边界条件求解两个未知数A_1、A_2的值，从而确定协同综采面基本顶各段挠度方程$w_1(x,y)$和$w_2(x,y)$最终表达式，方程组的求解极为复杂，但当工程参数具体给定后，利用Maple计算软件求解相对简单，并

进行基本顶岩层破坏的判定，具体计算过程见下节计算结果。

6.3.3 覆岩破断机理及破坏特征分析

1. 基本顶破断失稳临界条件

在协同综采面中，断裂直接顶碎块与采空区充填体共同控制上覆基本顶弯曲下沉变形，近似将充填体与直接顶共同视为复合弹性地基。

基于薄板弹性理论可知，薄板正应力与剪切应力服从式（6.36）所示关系，即

$$\left.\begin{aligned}\sigma_x&=-\frac{E}{1-\mu^2}\cdot\left(\frac{\partial^2 w'}{\partial x^2}+\mu\frac{\partial^2 w'}{\partial y^2}\right)\\\sigma_y&=-\frac{E}{1-\mu^2}\cdot\left(\frac{\partial^2 w'}{\partial y^2}+\mu\frac{\partial^2 w'}{\partial x^2}\right)\\\tau_{xy}&=-\frac{E}{1+\mu^2}\cdot\frac{\partial^2 w'}{\partial y\partial x}\end{aligned}\right\}\tag{6.36}$$

薄板主应力与正应力服从式（6.37）所示关系[167]，即

$$\left.\begin{aligned}&\left.\begin{aligned}\sigma_{\max}\\\sigma_{\min}\end{aligned}\right\}=\frac{\sigma_x+\sigma_y}{2}\pm\sqrt{\left(\frac{\sigma_x-\sigma_y}{2}\right)^2+\tau_{xy}{}^2}\\&\tau_{\max}=\frac{\sigma_{\max}-\sigma_{\min}}{2}\end{aligned}\right\}\tag{6.37}$$

岩石为脆性材料，抗拉强度远小于抗压强度，根据第一强度理论，当基本顶最大正应力 σ_{max} 大于岩体抗拉极限强度时，判定基本顶破断，破断临界条件为

$$\sigma_{\max}\geqslant[\sigma]\tag{6.38}$$

2. 协同综采面覆岩破断机理及特征

在特定工程地质条件下，基本顶最大主应力与基本顶弹性模量、厚度等参数以及充填段长度、垮落段长度、充填体弹性地基系数和推进长度等工程设计参数相关。当充填段长度、垮落段长度以及充填体弹性地基系数确定后，依据板模型弯曲变形数值解思路，每给定一个推进长度 c 值，可求解薄板对应最大主应力值。根据开采区域基本情况，取煤层埋深为1000m，上覆载荷 $q=22.5$MPa；充填段长度 $a=120$m；垮落段长度 $b=100$m；基本顶厚度 $h=6.5$m；泊松比 $\mu=0.3$；基本顶弹性模量 $E=18$GPa；定义板 c 值为30m，绘制协同综采面基本顶最大主应力和最大剪切应力分布曲线如图6.7和图6.8所示（图中单位为 10^2MPa）。

由图6.7所示的基本顶最大主应力分布图分析可知，协同综采面充填段基本顶应力水平低于垮落段，协同综采面基本顶前方煤壁、后方煤壁均受到拉应力，基本顶中部则受到压应力，且在垮落段前、后煤壁处拉应力最大，在垮落段中部压应力最大，因此在垮落段前、后煤壁过渡段及垮落段中部先发生拉或压破坏。

由图6.8所示的基本顶最大剪切应力分布图分析可知，垮落段基本顶前方煤壁、后方煤壁和煤壁过渡区域和垮落段中部剪切应力较大，由此判断采场顶板有可能在过渡段先发生剪切破坏。结合最大主应力和最大剪切应力可知，基本顶断裂位置为垮落段前、后煤壁、过渡段及垮落段中部。

岩石抗拉强度远小于岩石抗压强度，同时岩石复杂受力状态下抗拉强度和抗剪强度关

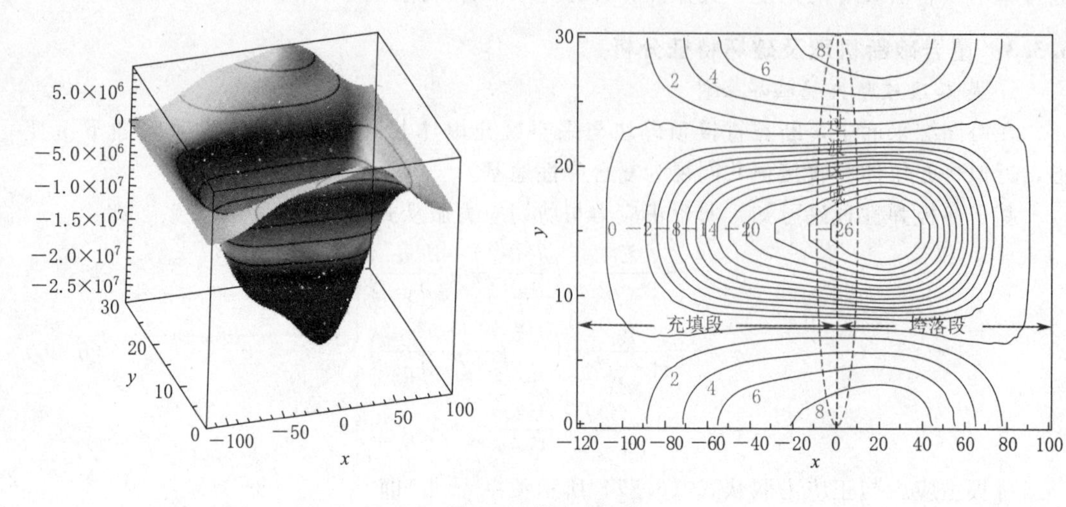

图 6.7　最大主应力

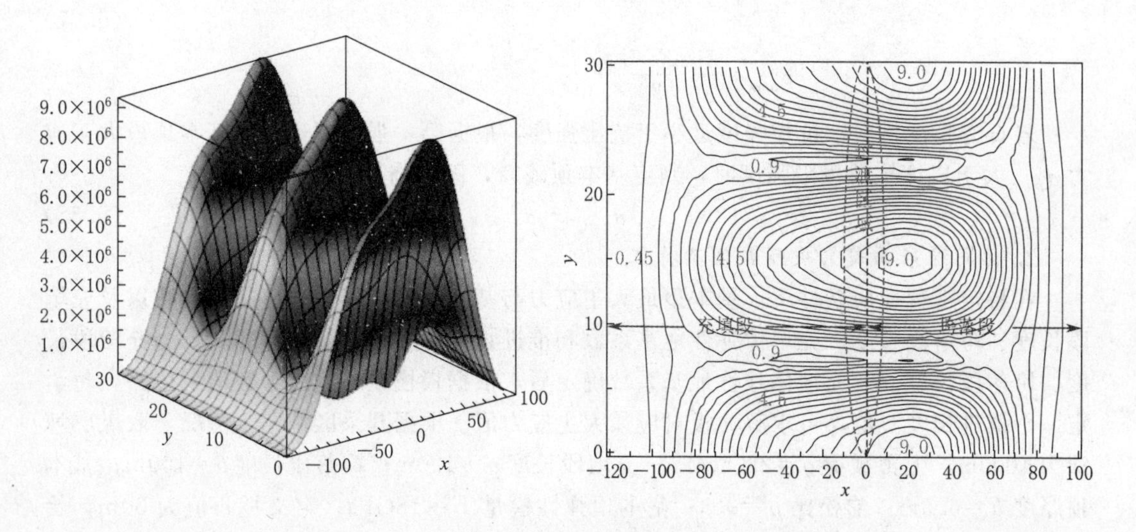

图 6.8　最大剪切应力

系复杂，结合协同综采面基本顶板模型最大主应力与最大剪切应力分布特征，分析采场在垮落段前后煤壁、垮落段中部以及过渡区域发生拉伸或剪切破坏，推断协同综采面初次破断采场呈现图 6.9 所示局部“$C-X$”破断特征。

由图 6.9 分析可知，协同综采面覆岩基本顶先在垮落区域断裂破坏，断裂后充填段与垮落段顶板呈不对称结构，如图 6.10 所示。

分析认为初次断裂之后，充填段与垮落段顶板过渡区域发生断裂，基于采矿工程现场解决问题所要求的精度侧重于宏观上解释并指导工程实践，基于协同综采面覆岩初次破断的局部破坏特征，结合协同综采面覆岩倾向过渡区域应力集中易引起过渡处破断规律，分析认为协同综采面覆岩周期来压时充填段与垮落段将发生不同步断裂特征，

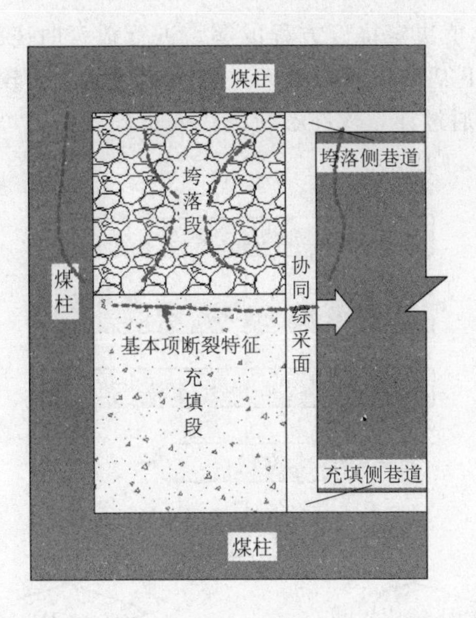

图 6.9　协同综采面顶板破断特征

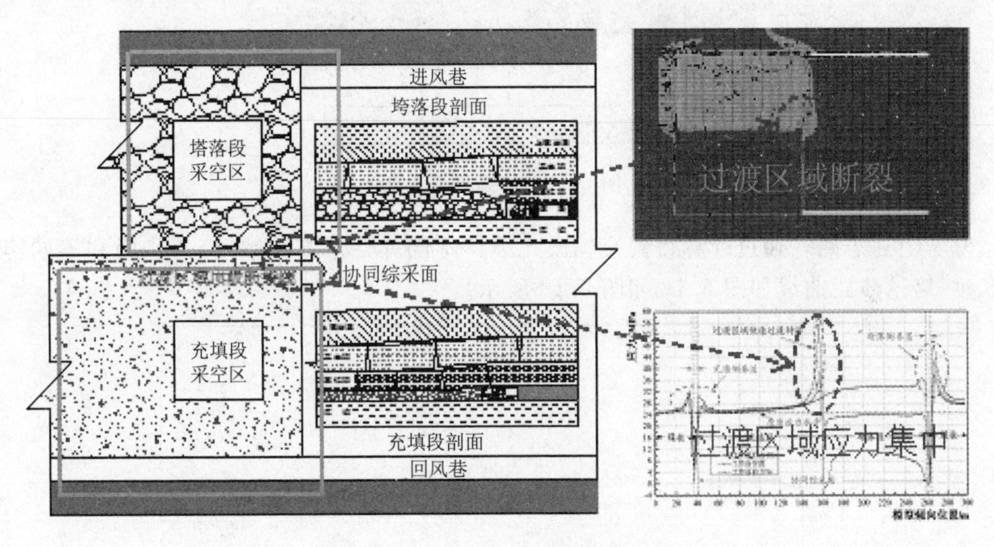

图 6.10　周期破断顶板结构特征

且充填段与垮落段周期破断来压步距可分段求解。文献[176]提出，研究基本顶周期来压时，由于初次断裂引起的破坏，末端顶板受到破碎岩体支撑，可视其为简支端；巷道两侧也可视为简支情况。故协同综采面采场周期来压充填段和垮落段均视为一边固支三边简支板模型，同样利用薄板弯曲问题求解基本顶弯曲变形，弹性力学已给出利用瑞次法最小势能原理求解一边固支三边简支（弹性地基）薄板弯曲变形具体过程和结果，本书不再重复推导。

3. 基本顶垮落步距及其影响因素分析

当工程地质参数与协同综采面充填段长度与垮落段长度几何参数确定后，由基本顶挠度方程分析可知，k_d 与 c 值决定挠度方程的解。进行板弯曲挠度计算时，每次给定一个 c 值可确定给定尺寸条件下基本顶薄板最大主应力 σ_{max} 值，比较 σ_{max} 与 $[\sigma]$ 值大小，即可判断基本顶破断状态。通过计算软件不断试代入不同 c 值，可求出给定 k_d 条件下初次垮落步距，其思路如图 6.11 所示。

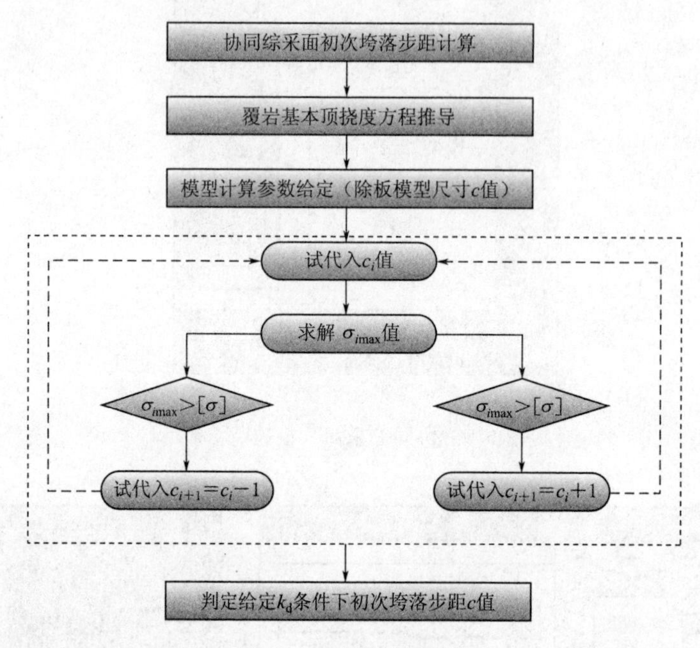

图 6.11　计算步骤示意

基于上述思路，通过计算得到充填段充填体不同弹性地基系数-垮落步距和不同垮落段长度-垮落步距曲线如图 6.12 和图 6.13 所示。

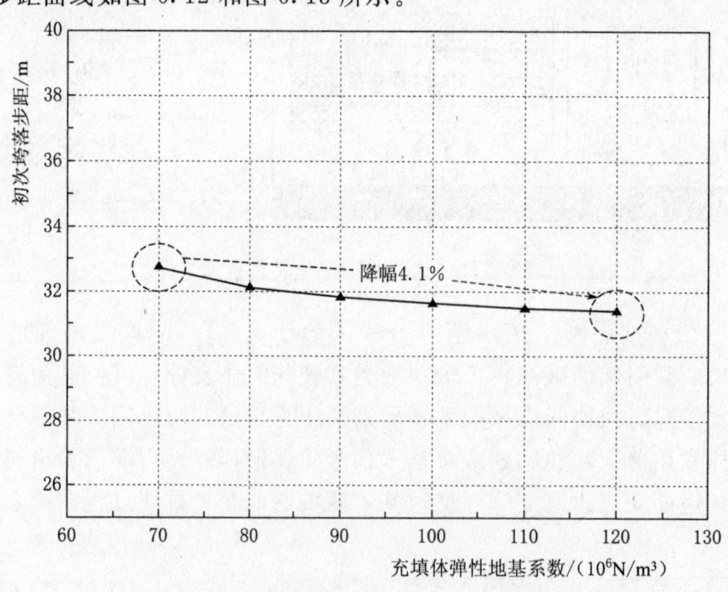

图 6.12　弹性地基系数-垮落步距曲线

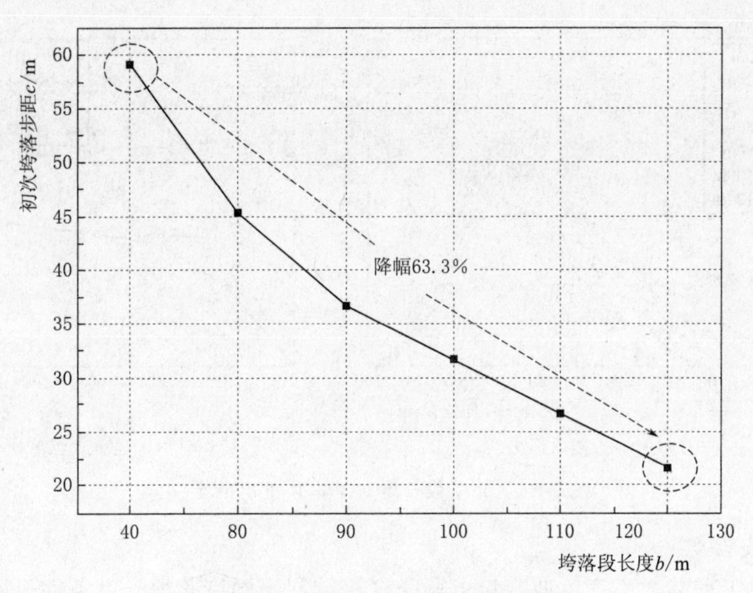

图 6.13 垮落段长度-垮落步距曲线

由图 6.12 和图 6.13 分析可知以下几点。

(1) 充填体弹性地基系数因素影响协同综采面初次垮落步距特征不明显。随着弹性地基系数由 $70\times10^6 N/m^3$ 增加至 $120\times10^6 N/m^3$，初次垮落步距由 32.74m 减小为 31.38m，降幅仅为 4.1%。结合协同综采面覆岩破坏特征可知，原因为顶板破坏位置主要发生在垮落段和过渡区域，提高弹性地基系数仅能改变充填段支承结构特征，对垮落段影响较小，与常规全断面充填工作面提高弹性地基系数能够改变顶板破断特征有显著差异。

(2) 垮落段长度因素影响协同综采面初次垮落步距特征显著。随着垮落段长度由 40m 增加至 140m，初次垮落步距由 59.1m 减小为 21.68m，降幅高达 63.3%。说明改变垮落段长度能够有效改变采场初次垮落步距。

6.3.4 覆岩变形影响因素分析

分别研究不同充填段长度、垮落段长度、推近距离以及不同弹性地基系数因素条件下协同综采面初次破断基本顶下沉特征及其影响规律。

1. 充填段长度

充填段长度是协同综采面基本顶下沉的重要影响因素，在其他工程参数不变的情况下，改变充填段长度，绘制不同充填段长度条件下走向中部协同综采面（基本顶下沉值最大剖面）基本顶下沉曲线，总结充填段长度影响基本顶下沉特征如图 6.14 所示。

由图 6.14 分析得出充填段长度影响协同综采面基本顶下沉呈现下述规律：

(1) 随着充填段长度由 0m（垮落法开采）逐渐增加至 120m，协同综采面倾向基本顶下沉曲线由 V 形对称形态逐渐过渡为“勺”形非对称形态特征，充填段下沉量明显小于垮落段。

(2) 随着充填段长度增加，充填段平均下沉量由 0 增加至 0.207m；垮落段平均下沉量先增加后减小，但幅度较小，说明充填段长度对垮落段影响程度有限。

(3) 过渡区域顶板下沉量由 0 逐渐增加至 0.553m，但增幅越来越缓，最终趋于稳定。

(4) 整个协同综采面基本顶最大下沉点位于垮落段，但有向充填段侧移动的现象，最大下沉量呈现出先变大后减小的规律。

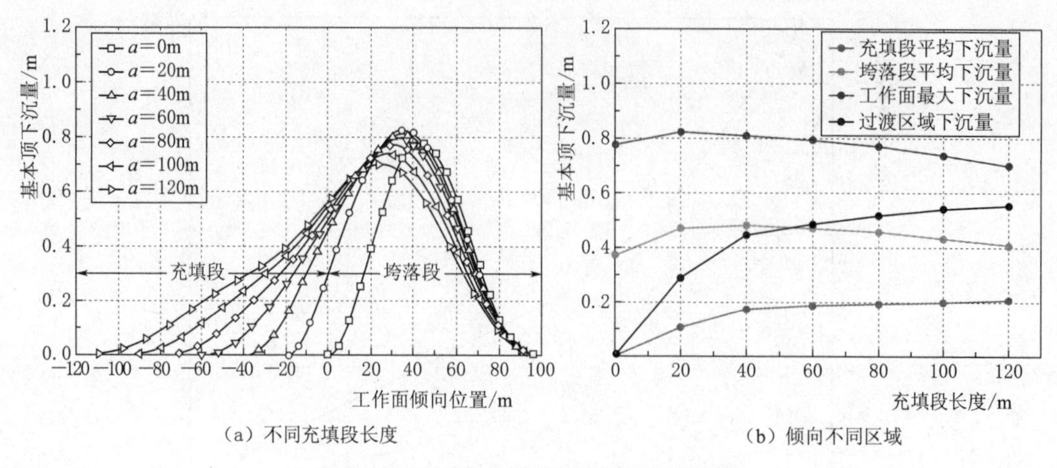

(a) 不同充填段长度　　(b) 倾向不同区域

图 6.14　充填段长度对基本顶下沉的影响

2. 垮落段长度

保证其他工程参数不变，改变垮落段长度，绘制不同垮落段长度条件下协同综采面基本顶下沉曲线，总结垮落段长度影响基本顶下沉特征如图 6.15 所示。

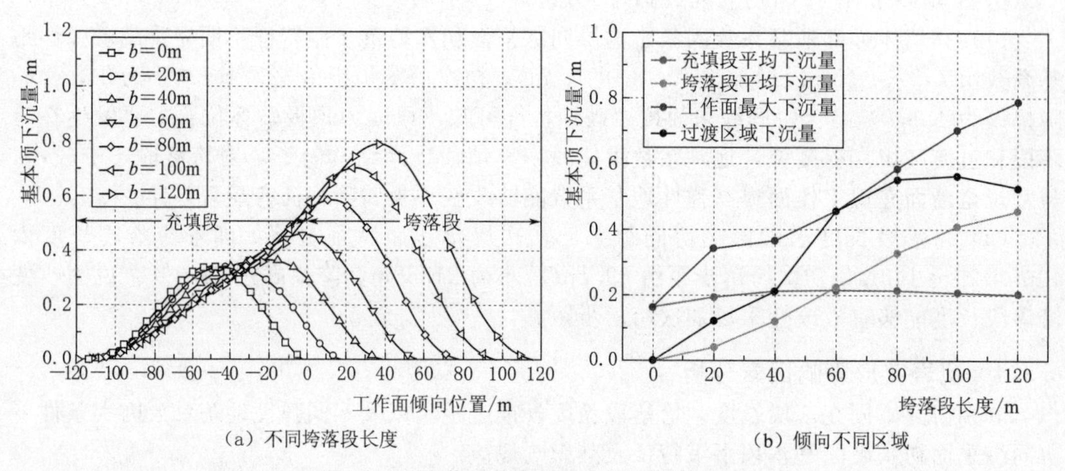

(a) 不同垮落段长度　　(b) 倾向不同区域

图 6.15　垮落段长度对基本顶下沉的影响

由图 6.15 分析得出充填段长度影响协同综采面基本顶下沉呈现下述规律。

(1) 随着垮落段长度由 0 增加至 120m，协同综采面倾向基本顶下沉曲线逐渐过渡为“勺”形非对称特征，基本顶下沉量由 0.164m 逐渐增加至 0.787m，最大值位置由充填段逐渐转移到垮落段。

(2) 充填段基本顶平均下沉量呈现出先增加后减小规律，但幅度较小；垮落段基本顶平均下沉量逐渐变大，且变化幅度远大于充填段。

(3) 过渡区域基本顶下沉量呈现出先增加后稳定趋势，说明垮落段长度对过渡区域基本顶下沉呈现出前期影响大、后期影响较小的特征。

3. 弹性地基系数

保证其他工程参数不变，改变充填段充填体弹性地基系数，绘制不同弹性地基系数条件下协同综采面基本顶下沉曲线，总结弹性地基系数影响基本顶下沉特征如图 6.16 所示。

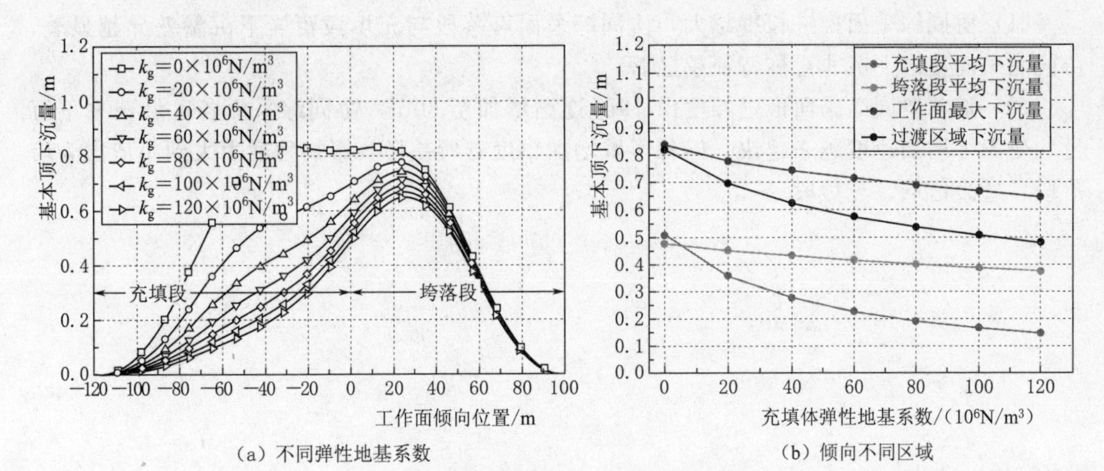

(a) 不同弹性地基系数　　(b) 倾向不同区域

图 6.16　弹性地基系数对基本顶下沉的影响

由图 6.16 分析得出弹性地基系数影响协同综采面基本顶下沉呈现下述规律。

(1) 充填体弹性地基系数越大，协同综采面垮落段与充填段覆岩下沉量差异越显著，协同综采面覆岩下沉非对称特征越显著。

(2) 随着充填体弹性地基系数由 0 逐渐增加至 $120\times10^6\,N/m^3$，协同综采面各区域覆岩下沉量均变小，但减小幅度有所差异。

(3) 充填段、垮落段基本顶平均下沉量以及过渡区域下沉量由 0.506m、0.476m 和 0.819m 降至 0.147m、0.374m 和 0.480m，降幅分别为 70.9%、21.3%和 41.3%，说明弹性地基系数对协同综采面基本顶下沉影响次序依次为充填段＞过渡区域＞垮落段。

4. 推进长度

当工程参数确定后，随着协同综采面推进，基本顶下沉量逐渐变化。改变模型推进长度，绘制不同推进长度条件下协同综采面基本顶下沉曲线，总结推进长度影响基本顶下沉特征如图 6.17 所示。

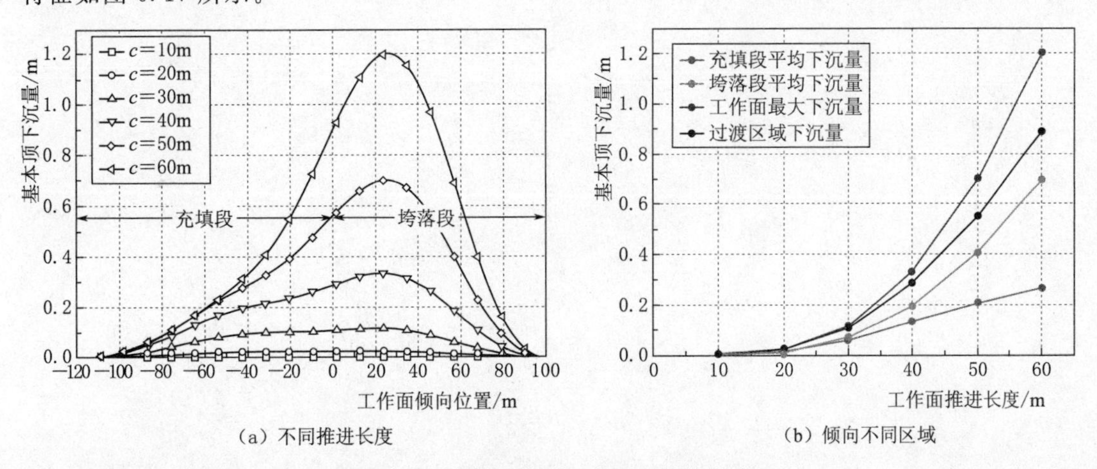

(a) 不同推进长度　　(b) 倾向不同区域

图 6.17　推进长度对基本顶下沉的影响

由图6.17分析得出推进长度影响协同综采面基本顶下沉呈现下述规律。

（1）协同综采面推进长度越大，协同综采面垮落段与充填段覆岩下沉量差异越显著，协同综采面覆岩下沉非对称特征越显著。

（2）随着协同综采面推进长度由10m逐渐增加至60m，协同综采面各区域覆岩下沉量均变大，增加速度越来越快。但各区域增加幅度有所差异，影响程度由大到小依次为垮落段、过渡区域、充填段。

第7章 工 程 应 用

本章基于十二矿具体工程背景和面临的工程难题，提出协同综采技术方法以及工程设计流程，基于物理模拟、数值模拟及力学分析结果，设计了协同综采生产系统并进行了关键设备选型配套，对工业性试验过程中协同综采采场矿压显现规律进行实测分析。

7.1 工程概况

7.1.1 采矿地质条件

试验矿井平煤十二矿位于河南省平顶山市东部，矿井采深达1000m，冲击矿压、瓦斯突出等矿灾害日益严重。该矿一、二水平现已基本开采完毕，目前处于接替期内无法保证产量，急需开采三水平煤层确保产能，维持矿井可持续发展。

矿井三水平主采己$_{15}$煤层，煤厚2.9～3.5m，平均厚3.2m，赋存稳定；煤层瓦斯压力1.78MPa，经鉴定属突出危险煤层，根据《煤矿安全规程》及十二矿开采煤与瓦斯突出危险区域要求，决定开采上方0.5m厚的己$_{14}$薄煤层及其下部部分岩层共同作为上保护层，对己$_{15}$突出煤层进行卸压开采，消除煤与瓦斯突出危险。

己$_{14}$煤层距离己$_{15}$煤层约13.5m，煤厚0～1.1m，平均厚0.5m，局部无煤，无突出危险。己$_{14}$保护层工作面分东、西翼两侧开采，共规划开采煤矸混合保护层工作面16个。根据三水平东翼采区钻孔资料及巷道揭露情况，对己$_{14}$煤层厚度进行统计，东翼己$_{14}$保护层煤层厚度三维展布及己$_{14}$煤层揭露情况如图7.1所示。

7.1.2 工程难题与解决方案

据统计显示，保护层开采过程中煤流含矸率高达74%，约产生矸石810万m^3，近似开采一个近全岩保护层[185]。一方面，若矸石选择地表排放，矿井煤体需提升1.5t/车矿车1000余车，且矸石提升影响煤炭运输，井下辅运能力难以满足保护层矸石井下运输和提升，矿井地表常年矸石堆积，目前已无堆积空间，现有堆积矸石已严重污染矿区生态环境；另一方面，基于矿井有着成熟的矸石充填采煤经验基础上，提出矸石井下充填不升井技术思路。但受充填配套设备及充填开采工艺本身的限制，常规充填工作面长度一般为80～120m，相比传统综采面，常规充填面产量和充填效率偏低，布置常规充填面难以作为矿井主采面满足十二矿接替阶段产能要求。

基于十二矿需要同时解决无常规煤层保护层突出煤层卸压开采、高含矸率保护层排矸、常规充填工作面难以满足矿井产能三大工程技术难题，结合十二矿矸石充填采煤成功

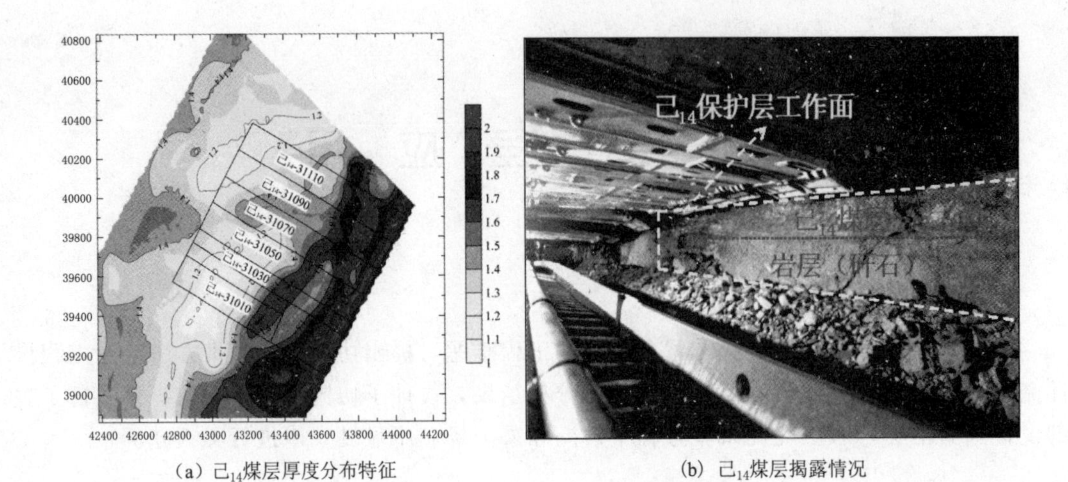

(a) 己$_{14}$煤层厚度分布特征　　(b) 己$_{14}$煤层揭露情况

图 7.1　己$_{14}$煤层厚度分布及揭露情况

应用经验，创新性地提出协同综采技术，该技术将常规充填工作面和传统综采面有机结合在同一工作面，兼顾保护层矸石排放和矿井产能要求，彻底解决了矿井面临的难题。具体工程难题及技术方案分析见表 7.1。

表 7.1　　工程难题及技术方案分析

工程背景	突出煤层开采	保护层高含矸率	充填面产能和效率偏低
具体难题	无合适保护层	辅运能力 排放空间	工作面长度受限制
关键技术	近全岩保护层	井下洗选充填	协同综采技术
技术要求	增透卸压	矸石不升井	兼顾充填与产能
实施协同综采技术优势	(1) 现处于接替阶段，布置工作面较少，有成套闲置设备，保护层和协同综采面均可以直接使用，减少了初期投入，降低了生产成本 (2) 有矿井丰富的充填开采和综采经验，为实施协同综采提供有力技术保障		

由表 7.1 分析可知，协同综采技术的成功实施是十二矿整体技术方案成功实施的核心关键，确保协同综采技术安全、高效、成功实施的首要保障是优化设计合理的协同综采工程设计方法与流程。

7.1.3　协同综采工程设计方法与流程

协同综采技术关键在于保证充填与产能双重技术目标的前提下实现安全、高效、经济开采。根据前文研究结果，本节优化设计协同综采工程设计方法与流程，具体如图 7.2 所示。

(1) 基于矿井实际地质条件与工程背景，分析矿井产能、矸石充填量、岩层控制要求及充填成本控制要求，确定相应的技术指标。

(2) 依据矿井工程实际与技术指标，确定合理的协同综采面充填方案，即自然落料充填或密实充填具体充填方案。

(3) 基于各项技术指标以及充填方案，设计合理的协同综采面基本参数，包括协同综

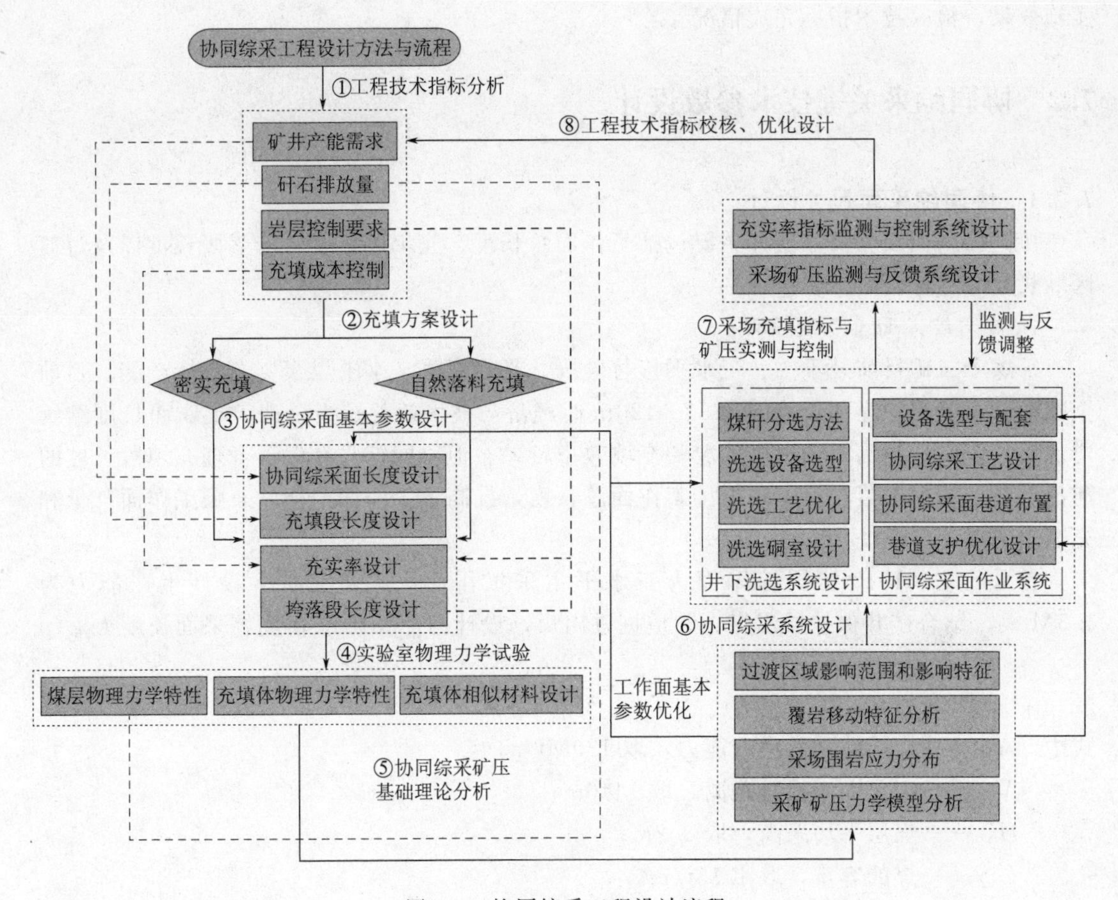

图 7.2　协同综采工程设计流程

采面长度、充填段长度、垮落段长度以及充实率等参数。

(4) 对试验采区煤岩体、可选用的充填物料等进行实验室物理力学特性测试，获得相应的煤岩体物理力学参数以及充填体应力与应变关系等基础数据，为下一步理论分析及工程设计提供基础数据。

(5) 基于协同综采面各项基本参数及试验数据，利用理论分析、物理模拟及数值模拟等各种技术开展协同综采面覆岩移动与矿压显现规律分析，基于分析结果以及技术指标对工作面参数进行优化调整，特别是分析不同开采条件下过渡区域影响范围及矿压显现特征。

(6) 基于上述分析结果，进行矿井具体协同综采系统设计。如根据充填物料特性及充填量选择合理的井下煤矸分选方法和洗选设备，优化布置洗选大硐室。基于协同综采矿压显现规律进行充填采煤液压支架、传统综采支架设备选型与优化，基于过渡区域影响范围和矿压显现强度优化设计过渡段支架布置长度及支护强度，合理配套工作面充填与采煤设备，优化设计协同综采工艺等，设计工作面巷道支护方案等。

(7) 设计协同综采面采场充实率及矿压监测与反馈控制系统，根据实测结果对充填指标以及支架工作状态进行调整，并根据充填与采煤量控制以及矿压实测结果判断协同综采实施效果，检验技术指标完成情况。

7.2　协同综采关键技术参数设计

7.2.1　协同综采面尺寸设计

协同综采面长度尺寸设计主要包括工作面总长度、充填段长度、垮落段长度以及过渡区域长度等尺寸。

1. 协同综采面总长度设计

平煤十二矿目前处于二、三水平接替阶段，必须开采三水平煤炭资源维持产能。目前全断面矸石充填采煤面长范围为80～120m时经济与技术效益较为合理，工作面长度继续增加后工作面后补刮板输送机工况和充填效率较差。但协同综采在保证合理充填段长度的前提下通过增加垮落段长度延迟了工作面总长度，提高了工作面产能，兼顾工作面产量和充填效率。

首采己$_{15}$-31010协同综采面为三水平主采工作面，矿井三水平设计生产能力为1.5Mt/a，结合矿井保护层出煤、巷道掘进出煤，设计己$_{15}$-31010协同综采面长度L_{15}为

$$L_{15}=\frac{A_{15}}{V_{15}H_{15}\gamma C} \tag{7.1}$$

式中　A_{15}——协同综采面生产能力，取120Mt/a；

V_{15}——工作面年推进距离，取1440m；

H_{15}——煤层平均采高，取3.2m；

γ——煤的容重，取1.35t/m^3；

C——工作面采出率，取0.95。

通过参数代入计算，得出己$_{15}$-31010协同综采面长度L_{15}为220m。

2. 充填段长度设计

己$_{15}$-31010协同综采面充填目的以消耗矸石为主，故选择自然落料充填方式。根据矿井工程分析，己$_{15}$-31010协同综采面矸石充填材料主要来自高含矸率保护层分选矸石及井下掘进矸石，根据设计要求，己$_{15}$-31010协同综采面矸石消耗量应不小于保护层工作面出矸量和掘进头掘进矸石量之和，即两者满足

$$G_{15}\geqslant G_{14}+G_{j} \tag{7.2}$$

式中　G_{15}——协同综采面充填段矸石消耗量，t/月；

G_{14}——近全岩保护层工作面月产矸量，t；

G_{j}——掘进月产矸量，t。

G_{14}与G_{j}计算式为

$$G_{14}=\phi V_{14}L_{14}H_{14}\gamma' \tag{7.3}$$

式中　ϕ——矸石井下分选率，60%；

V_{14}——保护层工作面月推进度，120m；

L_{14}——保护层工作面长度，150m；

H_{14}——保护层平均岩层高度，1.4m；

γ'——岩石密度，2.4t/m³。

$$G_j = V_j S_j \gamma' \tag{7.4}$$

式中　V_j——掘进头月推进度，560m；

S_j——掘进头断面，17m²。

协同综采面充填段矸石消耗量 G_{15} 计算式为

$$\left.\begin{aligned} G_{15} &= \nu_{15} L_c H_f \gamma_s K_b \\ \gamma_s &= \frac{\gamma'}{K_s} \\ H_f &= H_{15} - h_t - h_w \end{aligned}\right\} \tag{7.5}$$

式中　ν_{15}——月推进度，120m/月；

L_c——充填段长度，m；

H_f——充填高度，m；

γ_s——矸石视密度，t/m³；

K_b——矸石回填备用系数，取1.2；

h_t——顶板提前下沉量，0.1m；

h_w——未充填高度，最小取0.5m（充填支架后补刮板输送机底部至顶板距离）。

联立式（7.2）至式（7.5），得到充填段长度表达式为

$$L_c \geqslant \frac{(\phi V_{14} L_{14} H_{14} + V_j S_j)\gamma'^2}{\nu_{15} K_s K_b H_f} \tag{7.6}$$

代入相关数据，得到协同综采面充填段长度 L_c 与充填高度 H_f 关系曲线如图7.3所示。

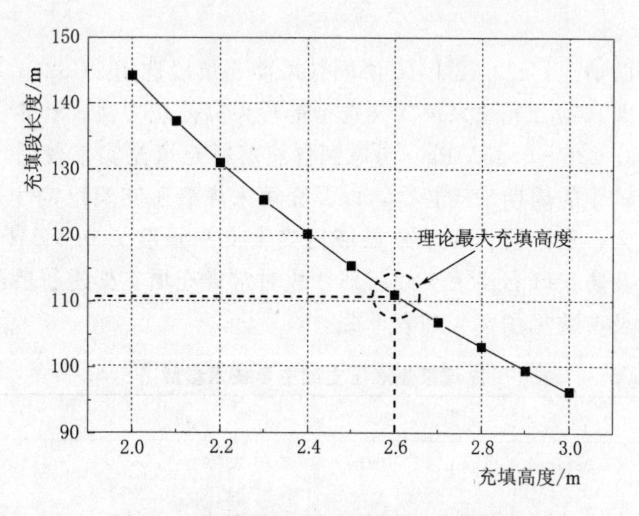

图7.3　充填段长度与充填高度关系曲线

由图7.3分析可知，充填段长度与充填高度成反比例关系，充填高度越大，充填段长度越小。理论上最大充填高度为2.6m，对应充填段长度为110.9m，考虑实际充填无法

到达理论最大充填高度，结合常规充填段合理长度应用情况，最终设计充填段长度为120m。

3. 过渡区域长度设计

设计协同综采面总长度设计220m，充填段长度120m，则垮落带长度为100m。协同综采面充填段与过渡段之间存在一个过渡区域，过渡区域布置过渡液压支架，实现充填段与垮落段平缓过渡。由第4章过渡区域力学模型分析可知，过渡区域呈现弯矩集中显著，不同充填状态不同开采条件下过渡区域影响范围均约6m；由第5章数值模拟分析结果可知，过渡区域存在应力集中现象，但不同充实率和充垮比条件下过渡区域高应力影响峰值均小于6m，结合过渡支架下方摆放升降平台尺寸，最终设计过渡区域长度为6m，相应地布置4台过渡液压支架。

7.2.2 支架支护强度设计与选型

由第2～6章研究结果分析可知，协同综采面覆岩移动和应力分布呈现明显的区域性特征，协同综采面充填段、垮落段及其之间过渡区域矿压显现差异明显。协同综采面存在充填采煤液压支架、垮落段传统综采液压支架以及过渡区域过渡液压支架，3种支架与围岩作用关系存在区别，应针对不同区域覆岩运动特征与空间结构分别设计支护强度与支架结构。

1. 充填采煤液压支架选型设计

由覆岩移动特征物理模拟结果分析可知，因充填体占据了采空区覆岩下沉空间，当充实率较高时直接顶仅发生局部破断，基本顶以弯曲下沉为主。即使自然落料充填时充实率相对较低，直接顶发生断裂，断裂直接顶岩块整齐排列于充填体上，覆岩无明显垮落带特征。变形以缓慢弯曲下沉为主，虽然基本顶发生破断，但破断步距及来压强度均显著低于垮落段。故充填段充填支架岩层控制目标主要以平衡基本顶压力为主，同时还要控制顶板的下次变形，控制顶板提前下沉量，尽可能保证采场充填空间，最终和充填体共同控制上覆岩层变形。

综合考虑工作面情况，己$_{15}$-31010协同综采面充填段选用ZC5200/20/40型四柱支承式充填采煤液压支架。结合充填采煤支架选型等价采高修正方法，计算充填段充填采煤液压支架支护强度为0.225～0.45MPa。考虑到自然落料充填充实率较低，采场基本顶发生局部断裂，有程度较小的周期来压特征，以及充填采煤液压支架稳定性方面的要求，支架工作阻力应适当加大，最终设计充填采煤液压支架支护强度为0.84MPa。考虑支架后部不需要夯实机构以及防止矸石涌入支架后部，故对常规充填支架进行后部改造，最终充填采煤液压支架结构及参数见图7.4和表7.2。

表7.2 充填采煤液压支架主要技术参数

项　目	参　数	项　目	参　数
支架尺寸	7400mm×1420mm×2000mm	初撑力	5785kN
中心距	1500mm	工作阻力	7800kN
高度	2000～4000mm	支护强度	0.84MPa
宽度	1420～1590mm	底板比压	1.98MPa
推移步距	600mm	重量	约28.5t

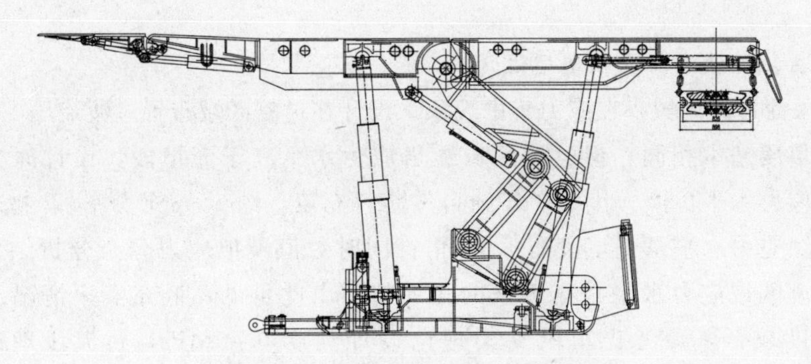

图 7.4 充填采煤液压支架结构

2. 垮落段传统综采液压支架选型设计

研究显示，垮落段覆岩结构呈现出与传统综采类似的“三带”结构，采场直接顶垮落，基本顶周期破断并引起周期来压现象。与充填段支架主要承受基本顶静载作用不同，垮落段支架除受直接顶载荷静载作用，控制直接顶与基本顶不产生离层外，还要平衡基本顶周期破断对支架产生的动载作用。综合考虑，最终垮落段选用 ZY6800/20/40 两柱掩护式综采液压支架。采用经验估算法计算支架工作阻力应大于 6000kN，其支护强度应大于 0.8MPa。结合具体工程条件及安全系数，最终设计垮落段传统综采液压支架工作阻力为 6800kN，支护强度为 1.0MPa。考虑充填段与垮落段充填支架行人通道的连续性和行走方便以及支架受力更加合理，对传统综采支架进行优化设计，支架结构及主要技术参数见图 7.5和表 7.3。

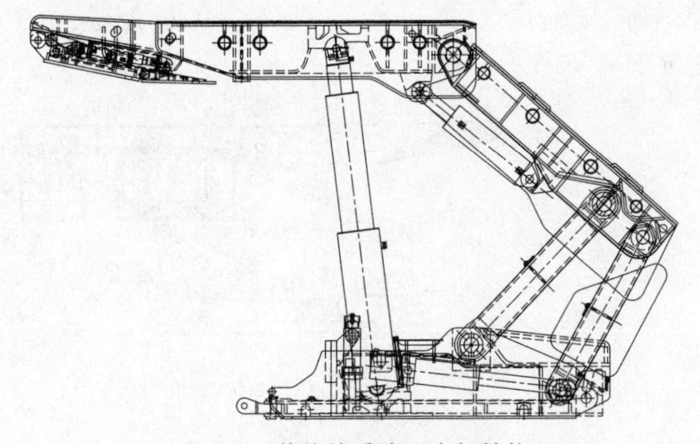

图 7.5 传统综采液压支架结构

表 7.3 传统综采液压支架主要技术参数

项 目	参 数	项 目	参 数
支架尺寸	4020mm×1430mm×2000mm	初撑力	5044kN
中心距	1500mm	工作阻力	6800kN
高度	2000～4000mm	支护强度	1.0MPa
宽度	1430～1600mm	底板比压	2.0MPa
推移步距	600mm	重量	约 25.2t

3. 过渡区域过渡液压支架选型设计

协同综采面过渡区域存在应力集中现象。设计在过渡区域布置过渡液压支架，过渡支架架型与充填段基本相同，但过渡区域覆岩应力水平高于充填段，设计时参考过渡区域与充填段应力水平比值。十二矿实施自然落料充填（约55%充实率），物理模拟结构显示过渡区域应力水平是充填段的1.13倍；同时数值模拟应力分布分析结果显示，工作面位置过渡区域应力水平是充填段的1.3倍。由此可见，低充实率情况下过渡区域应力集中程度较低，参考充填段支架理论设计强度0.45MPa，过渡段理论强度应为0.508～0.585MPa。过渡支架支护强度理论上需要略高于充填段液压支架，但充填支架支护强度0.84MPa已考虑足够安全系数，同时考虑工作面支架整体协调性以及过渡区域影响范围，工作面4台过渡液压支架同样设计支护强度为0.84MPa。最终设计过渡段采用ZCGa5200/20/40、ZCGb5200/20/40、ZCGc5200/20/40型液压支架，各型号过渡液压支架结构参见图7.6。

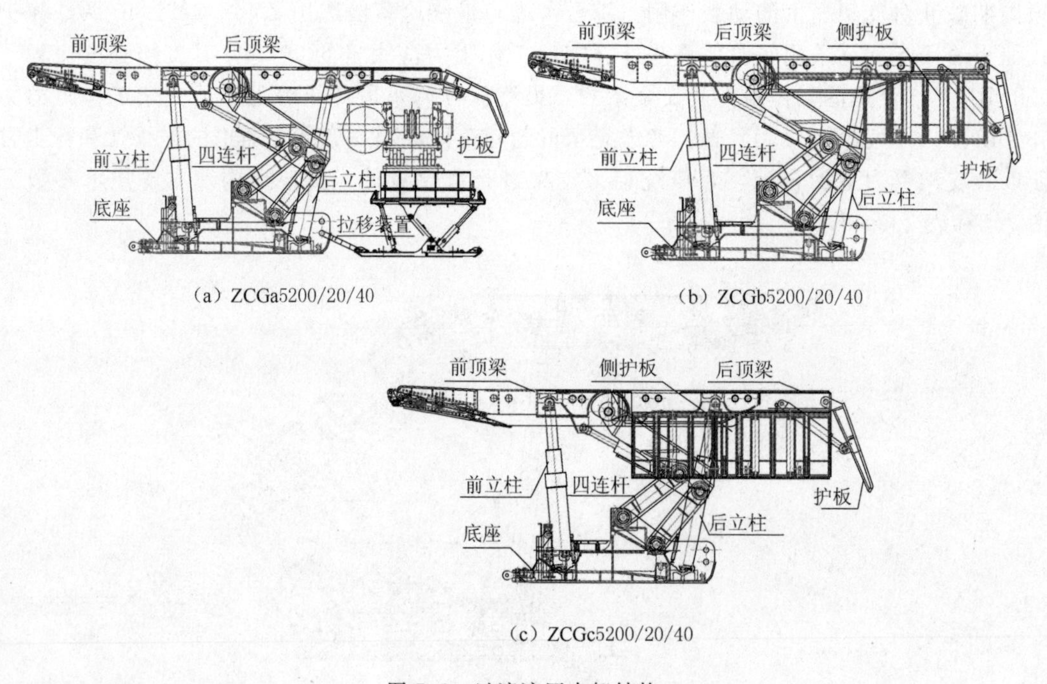

图7.6 过渡液压支架结构

7.3 协同综采系统设计

基于上述研究成果，结合矿井工程实际情况，设计十二矿协同综采生产系统，由于篇幅限制及研究侧重点，本节重点介绍协同综采面特有的井下煤矸分选系统与协同综采面作业系统。

7.3.1 井下煤矸洗选系统

矿井协同综采面充填段充填矸石主要为煤流矸石及岩巷掘进矸石，分别来源于己$_{14}$保护层和三水平岩巷掘进排矸，其中煤流矸石为充填工作面充填材料的主要来源。己$_{14}$保护层开采厚度为1.9m，其中煤层厚度平均仅0.5m，煤流矸石量达74.7%，需建立井下煤矸分选系统，实现煤流矸石井下分选分运，达到矸石井下充填不升井目标。

根据井下煤矸分选技术难点以及十二矿保护层排放矸石特征，选择重介质浅槽法分选煤矸工艺，并确定13mm＋重介浅槽机的分选方案，分选系统的分选粒径为13～250mm，入选能力为220万t/a，重介质浅槽分选系统的设计分选能力为132万t/a。井下煤矸分选系统的关键设备主要包括重介浅槽分选机、破碎机、矸石脱介机、精煤脱介机、三产品滚轴筛等，井下煤矸分选系统布置如图7.7所示。

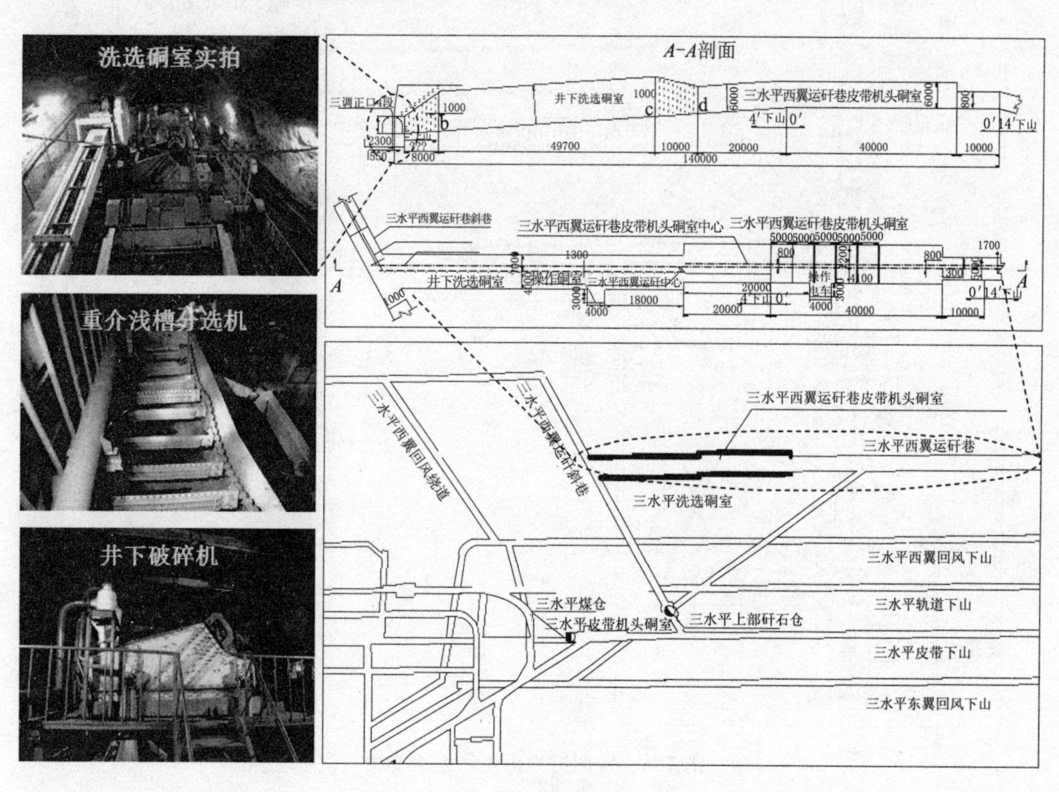

图7.7 井下煤矸分选系统布置

7.3.2 协同综采面作业系统

协同综采面作业系统是整个协同综采技术的核心，其具体设计内容包括工作面设备选型配套、协同综采工艺优化设计及工作面巷道支护设计等。设计时应注意，协同综采面总长度设计应符合矿井生产能力需求，适应实际采矿地质条件；协同综采面充填段长度范围设计根据井下矸石产量、岩层控制要求及充填段矸石处理能力确定；根据充填段与垮落段充填采煤工艺，完成协同综采面设备选型及工艺设计等。

三水平己$_{15}$采区域分东、西两翼，东翼暂规划4个协同综采面，西翼暂未完全规划。

首采己$_{15}$-31010协同综采面位于三水平东翼，东至八矿与十二矿井田边界，西至三水平东翼回风下山，南为北山风井保护煤柱，北部未开发，工作面走向长929m，工作面面长220m，平均厚度3.2m，圈定可采储量140.0万t。该工作面标高-745～-806m，埋深1005～1166m。煤层平均倾角为5°。自燃煤层，自燃发火期3个月。己$_{15}$-31010协同综采面生产系统布置如图7.8所示。

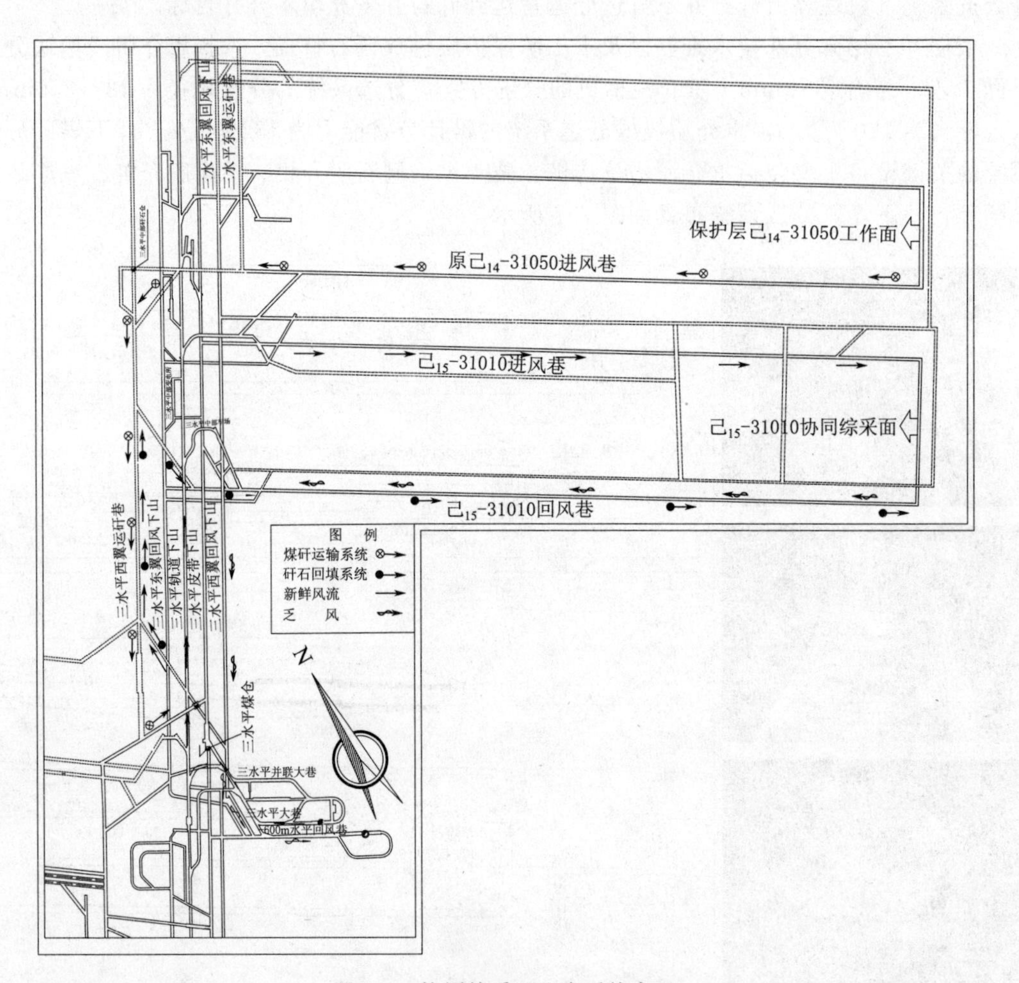

图7.8 协同综采面生产系统布置

运煤系统：己$_{15}$-31010协同综采面→己$_{15}$-31010进风巷→三水平皮带下山→三水平煤仓→己七二期主运输下山→己七一期主运输下山→主斜井→地面。

矸石运输系统：己$_{14}$-31030进风巷（洗选前）→三水平西翼洗选硐室→三水平矸石仓（洗选后）→三水平西翼运矸巷→己$_{15}$-31010回风巷→己$_{15}$-31010协同综采面充填段采空区。

根据平煤十二矿实际地质条件与矿井产能的需求，在理论分析的基础上系统设计协同综采面各基本参数并进行工作面深部选型配套，最终确定总长度为220m，其中充填段120m，垮落段100m，理论分析不同条件下协同综采面过渡区域矿压影响范围小于6m，故过渡支架定位4架，充填方式选择自然落料充填方案，工作面具体设备选型及布置如图7.9所示。

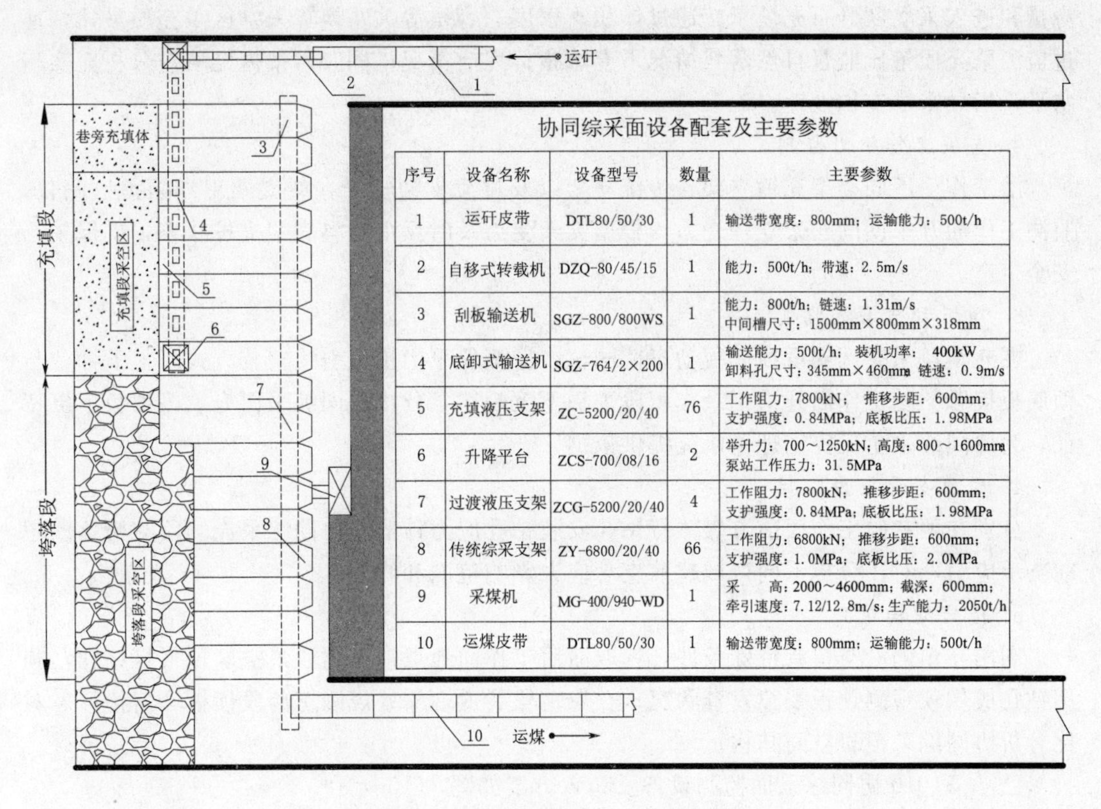

协同综采面设备配套及主要参数

序号	设备名称	设备型号	数量	主要参数
1	运矸皮带	DTL80/50/30	1	输送带宽度：800mm；运输能力：500t/h
2	自移式转载机	DZQ-80/45/15	1	能力：500t/h；带速：2.5m/s
3	刮板输送机	SGZ-800/800WS	1	能力：800t/h；链速：1.31m/s 中间槽尺寸：1500mm×800mm×318mm
4	底卸式输送机	SGZ-764/2×200	1	输送能力：500t/h；装机功率：400kW 卸料孔尺寸：345mm×460mm 链速：0.9m/s
5	充填液压支架	ZC-5200/20/40	76	工作阻力：7800kN；推移步距：600mm； 支护强度：0.84MPa；底板比压：1.98MPa
6	升降平台	ZCS-700/08/16	2	举升力：700～1250kN；高度：800～1600mm 泵站工作压力：31.5MPa
7	过渡液压支架	ZCG-5200/20/40	4	工作阻力：7800kN；推移步距：600mm； 支护强度：0.84MPa；底板比压：1.98MPa
8	传统综采支架	ZY-6800/20/40	66	工作阻力：6800kN；推移步距：600mm； 支护强度：1.0MPa；底板比压：2.0MPa
9	采煤机	MG-400/940-WD	1	采　高：2000～4600mm；截深：600mm； 牵引速度：7.12/12.8m/s；生产能力：2050t/h
10	运煤皮带	DTL80/50/30	1	输送带宽度：800mm；运输能力：500t/h

图7.9　协同综采面设备选型及布置

协同综采面作业工艺主要包括采煤工艺与充填工艺，两者在时间和空间上既相互独立又彼此配合，具体工艺原理及流程与2.2节和2.3节介绍相同，不同之处在于己$_{15}$-31010协同综采面充填方案选择自然落料充填，充填直接后部不安设夯实机构，充填工艺过程中没有接顶夯实工艺环节。

7.4　协同综采矿压实测分析

矿压监测的主要目标是为了解协同综采面及两巷的矿山压力显现及覆岩活动规律，考察充填效果并实时调整采场支护状态，并为邻近类似工作面开采提供经验指导。

7.4.1　协同综采充填指标与矿压监测反馈体系设计

十二矿己$_{15}$-31010协同综采面在保证矸石充填量的前提下对采场覆岩移动和矿压显现进行实测分析。通过设计采场矿压监测系统，对采场充填状态及支护状态进行实时监测和反馈调整，确保协同综采面安全、高效开采的同时完成矿井设计充填目标，验证协同综采面矿压显现理论分析结果。基于上述目标，设计了协同综采面矿压监测反馈系统，具体监测项目及原理如下：

1. 矸石充填指标监测

在工作面两巷运矸皮带和运煤皮带分别按照电子皮带秤，通过皮带秤实时统计采出煤炭量和进入采空区矸石充填量，通过体积、密度、容重等关系换算采空区采充质量比，通过监测采充质量比监督自然落料情况下充填指标完成情况；同时可根据充填量分析充实率水平，指导采场支护设计。

2. 支架工作阻力监测

沿工作面不同类型充填支架、传统支架以及过渡支架安设在线支架工作阻力监测仪，监测工作面开采期间支架立柱受力，根据支架受力及时反馈调整支架支护状态，确保采场安全生产。

3. 顶板动态下沉监测

在充填段采空区安设顶底板动态监测仪，监测仪采用预埋引线安装方式，上下部位与顶底板接触。随工作面开采记录充填段顶板下沉规律，分析协同综采面充填段顶板下沉特征，为协同综采矿压控制理论研究提供依据。

4. 超前支承应力监测

分别在两巷向工作面前方煤体打钻孔安装钻孔应力计监测协同综采充填段与垮落段超前支承应力，对比分析不同区域超前支承应力影响范围和峰值。

5. 覆岩结构观测

利用充填侧沿空留巷特殊条件，选取滞后工作面地点向充填段采空区顶板打钻孔，利用钻孔成像仪观测顶板裂隙发育状况；在垮落段巷道端头处观测垮落段顶板垮落特征。对比分析协同综采覆岩空间结构。

己$_{15}$-31010协同综采面监测设备及布置方案如图7.10所示。

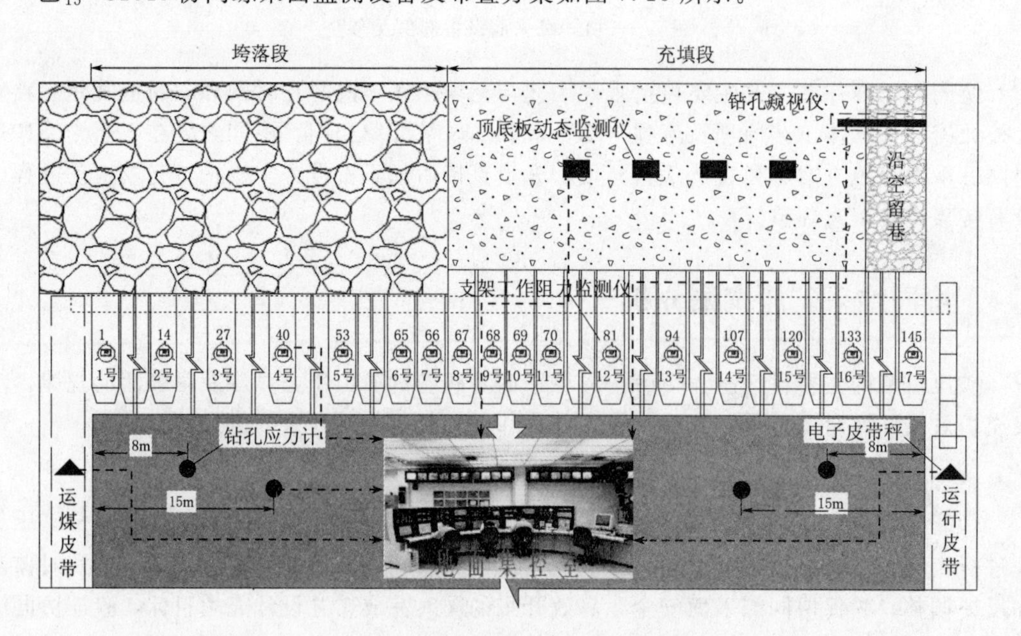

图7.10　监测设备及布置方案

7.4.2 实测结果分析

1. 充填指标监测

采用电子皮带秤对己$_{15}$-31010协同综采面的出煤和充填矸石进行实测统计，监控系统软件根据给定原煤密度及松散矸石视密度等关系，设计充采质量比为0.46；工作面推进过程中充采质量比曲线如图7.11所示。

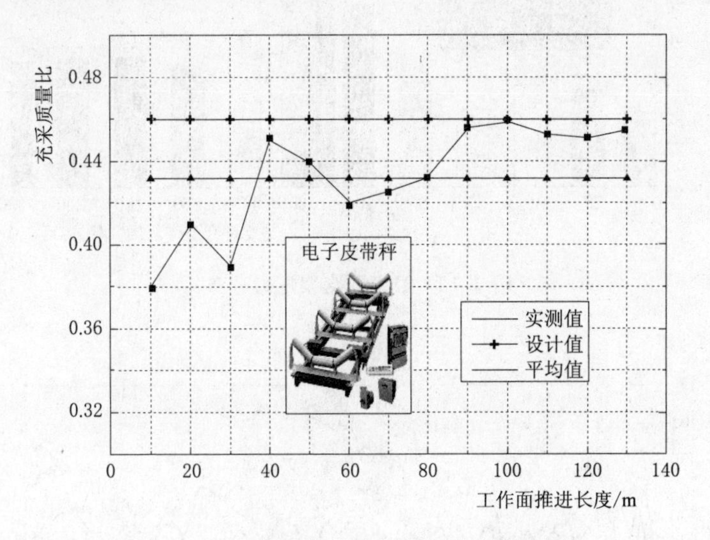

图7.11 工作面推进过程中充采质量比曲线

由图7.11分析可知，工作面推进130m过程中充采质量比呈现逐步稳定达标趋势。前期充采比稍低，分析原因为工作面刚开始过程中充填技术及设备掌握不够熟练，随着经验积累，充填质量提高，统计过程中实测充采质量比平均值为0.432，为设计值的94%，基本完成了充填指标，有效处理了保护层排放矸石。

2. 支架工作阻力监测

分别选取有代表性的4号、10号及14号支架工作阻力监测仪监测数据，分析工作面垮落段、充填段与过渡区域支架沿走向受力及变化特征。协同综采面某一时刻工作面倾向支架压力分布以及沿推进方向支架支柱工作阻力如图7.12和图7.13所示。

由图7.12和图7.13分析可知，回采过程中协同综采面不同区域支架工作阻力差异显著。充填段、过渡区域和垮落段支架平均阻力分别为25.9MPa、32.7MPa和27.6MPa，过渡区域支架阻力是充填段支架的1.26倍，过渡区域出现明显的压力集中显现，与理论计算相符；随着工作面推进，垮落段和过渡段支架压力变化幅度较大，呈现出周期来压特征。充填段支架压力相对平稳，周期来压现场不如垮落段支架明显。

3. 顶板动态下沉量监测

选择运矸巷侧距离巷道40m、距切眼30m的2号充填段采空区顶板动态下沉监测点数据分析，绘制顶板动态下沉量曲线如图7.14所示。

由图7.14分析可知，2号测点位置充填段顶板下沉量总计达1784mm，且呈现快速、减速和稳定变形分阶段特征。距工作面0～30m范围为快速变形阶段，顶板下沉量速度较

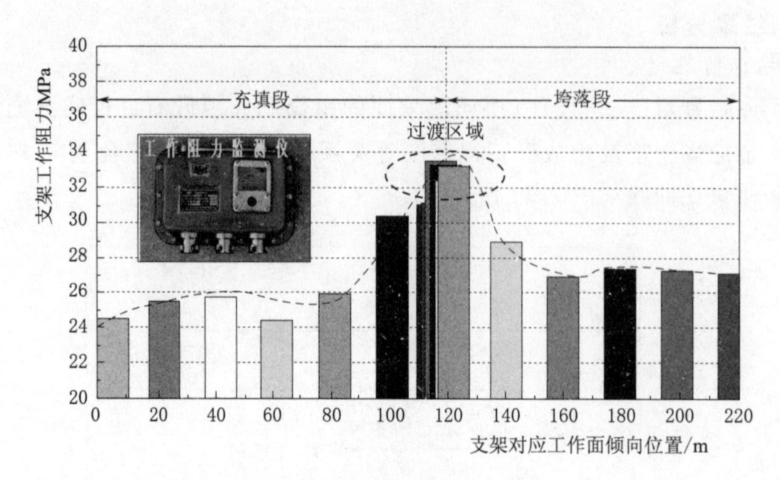

图 7.12　沿倾向支架压力分布

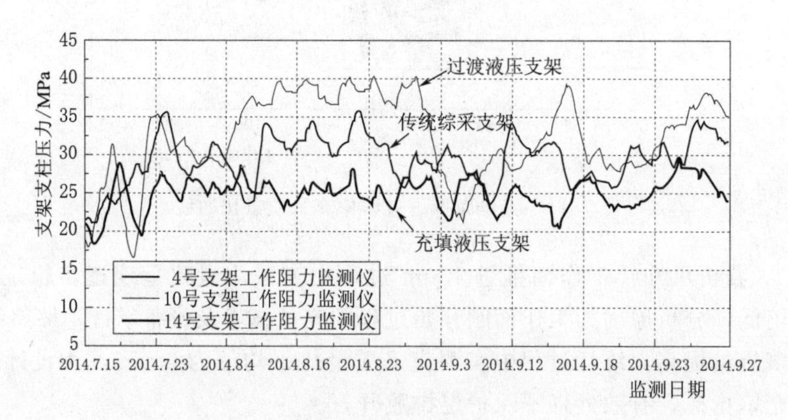

图 7.13　沿推进方向支架压力分布

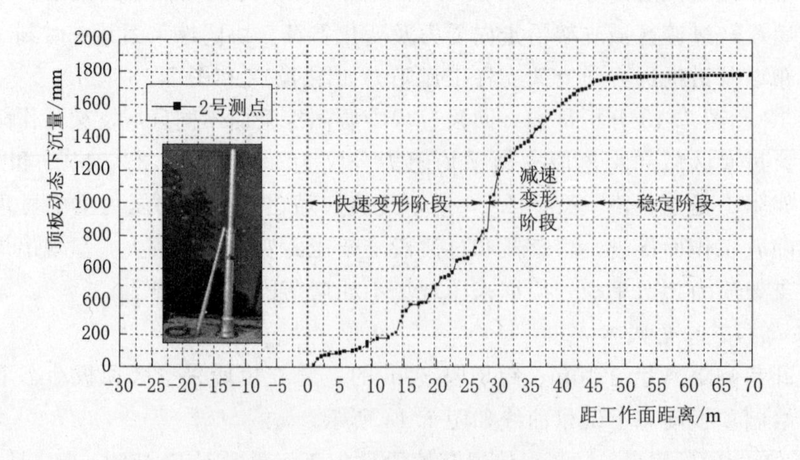

图 7.14　顶板动态下沉量曲线

快，累计下沉量 1200mm，占总变形量比例高达 67.2%，结合采场自然落料充填方案，分析其原因为未充填高较大导致顶板快速下沉；距工作面 30～50m 为减速变形阶段，该阶段顶板与充填体接触，充填体有效支撑顶板，致使下沉速度减小，该阶段累计变形量约 570mm，占总变形量约 31.8%；距离工作面 50m 以后，充填体逐渐被压实，顶板变形区域稳定。

4. 超前支承应力监测

选取距离切眼 60m 第一排测点中的 2 号和 3 号测点分析超前支承应力分布规律。2 号和 3 号测点为充填侧和垮落侧巷道测点，钻孔深度均为 15m。绘制超前支承应力分布曲线如图 7.15所示。

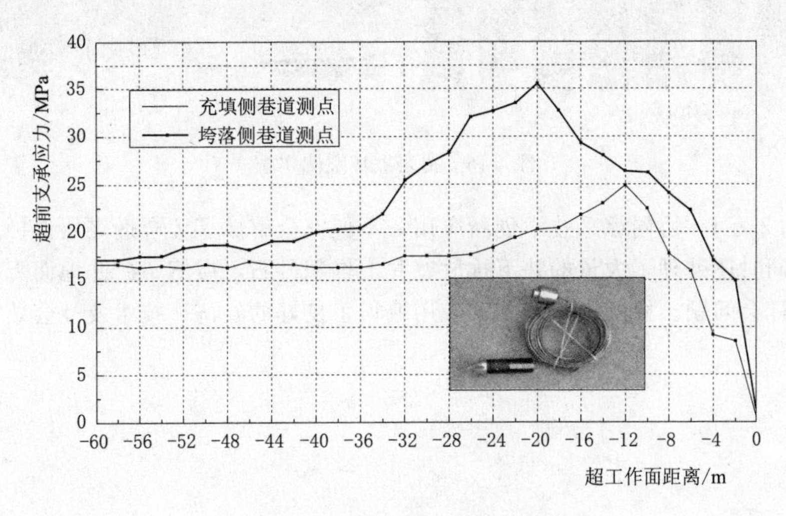

图 7.15　超前支承应力分布曲线

由图 7.15 分析可知，充填段和垮落段超前应力分布均呈现卸压区、增压区和应力恢复区分段特征。垮落段超前支承应力峰值约 35.5MPa，影响范围约 35m；充填段峰值为 24.8MPa，影响范围约 25m，垮落段支承应力峰值和影响范围均高于充填段，分析原因为充填体承担了部分覆岩重量，充填段矿压显现较垮落段缓和。

5. 覆岩结构观测

利用充填侧巷道沿空留巷条件，在滞后工作面约 20m 位置向采空区顶板打钻孔，利用钻孔窥视仪观测顶板离层和裂隙发育情况；在垮落段端头采空区位置观测覆岩特征。覆岩破坏观测实拍如图 7.16 所示。

由图 7.16（a）分析可知，充填段低位直接顶观测到小范围破碎现象，但岩体整体完整，没有明显的垮落带特征，基本顶局部断裂，预测顶板结构仅发育“裂隙带”和“弯曲下沉带”两带结构；由图 7.16（b）观测到垮落段侧直接顶垮落和基本顶断裂现象，预计覆岩空间结构呈“垮落带”“裂隙带”和“弯曲下沉带”三带结构，整个协同综采面充填段与垮落段覆岩空间结构呈现明显的非对称性特征。

己$_{15}$-31010 协同综采面已开采完毕，回采期间设备运行稳定，协同综采面各区域支架均未出现压架现象。统计数据显示，己$_{15}$-31010 协同综采面现已采出煤炭 120.8 万 t，

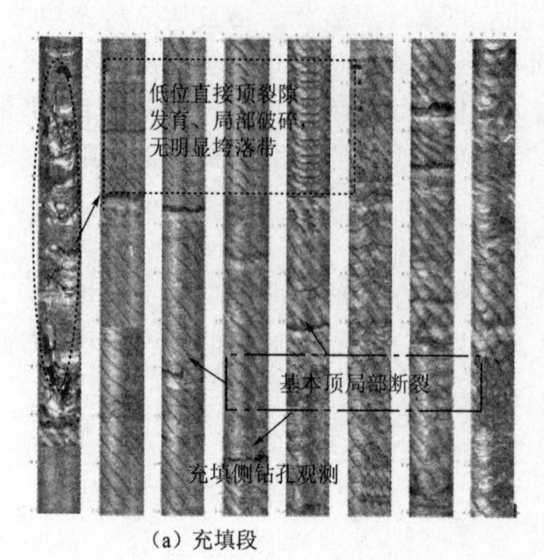

（a）充填段

（b）垮落段

图 7.16　覆岩破坏观测实拍

充填矸石 52.2 万 t。协同综采技术创新应用，不但安全解放了无合适煤层保护层突出煤层煤炭资源，同时还处理了大量的井下排放、井上堆积矸石，缓解了矿井地面无排矸空间和环境污染等社会问题。协同综采技术的应用取得了良好的经济、技术及社会效益。

参 考 文 献

[1] 缪协兴，钱鸣高．中国煤炭资源绿色开采研究现状与展望［J］．采矿与安全工程学报，2009，26（1）：5-18.

[2] 钱鸣高，许家林．煤炭工业发展面临几个问题的讨论［J］．采矿与安全工程学报，2006，23（2）：127-132.

[3] 左建平，孙运江，文金浩，等．岩层移动理论与力学模型及其展望［J］．煤炭科学技术，2018，46（1）：1-11，87.

[4] 史红邈，杜建伟，李志强．大采高超长综放工作面采场矿山压力控制技术研究［J］．煤，2009（11）：14-16.

[5] 王宇，王大鹏，霍丙杰．煤矿区保水开采技术实践［J］．煤矿开采，2010（1）：44-46.

[6] 许家林，钱鸣高，朱卫兵．覆岩主关键层对地表下沉动态的影响研究［J］．岩石力学与工程学报，2005（5）：787-791.

[7] 朱卫兵，许家林，施喜书，等．覆岩主关键层运动对地表沉陷影响的钻孔原位测试研究［J］．岩石力学与工程学报，2009（2）：403-408.

[8] 缪协兴，王安，孙亚军，等．干旱半干旱矿区水资源保护性采煤基础与应用研究［J］．岩石力学与工程学报，2009（2）：217-227.

[9] 缪协兴，浦海，白海波．隔水关键层原理及其在保水采煤中的应用研究［J］．中国矿业大学学报，2008（1）：1-4.

[10] 缪协兴，陈荣华，白海波．保水开采隔水关键层的基本概念及力学分析［J］．煤炭学报，2007（6）：561-564.

[11] 缪协兴，王长申，白海波．神东矿区煤矿水害类型及水文地质特征分析［J］．采矿与安全工程学报，2010（3）：285-297.

[12] 许家林，连国明，朱卫兵，等．深部开采覆岩关键层对地表沉陷的影响［J］．煤炭学报，2007（7）：686-690.

[13] 许家林，钱鸣高．关键层运动对覆岩及地表移动影响的研究［J］．煤炭学报，2000（2）：122-125.

[14] 侯忠杰，吕军．浅埋煤层中的关键层组探讨［J］．西安科技学院学报，2000（1）：5-8.

[15] 黄庆享，刘文岗，田银素．近浅埋煤层大采高矿压显现规律实测研究［J］．矿山压力与顶板管理，2003（3）：58-59.

[16] 黄艳利，张吉雄，张强，等．充填体压实率对综合机械化固体充填采煤岩层移动控制作用分析［J］．采矿与安全工程学报，2012，29（2）：162-167.

[17] Meng L，Jixiong Z，Peng H，et al. Mass ratio design based on compaction properties of backfill materials［J］. Journal of Central South University，2016，23（10）：2669-2675.

[18] Jixiong Z，Qiang Z，Yanli H，et al. Strata movement controlling effect of waste and fly ash backfillings in fully mechanized coal mining with backfilling face［N］，2011-09-15（721-726）.

[19] 张吉雄，吴强，黄艳利，等．矸石充填综采工作面矿压显现规律［J］．煤炭学报，2010（S1）：1-4.

[20] Zhang，Jixiong，Zhou，et al. Impact law of the bulk ratio of backfilling body to overlying strata movement in fully mechanized backfilling mining［J］. Journal of Mining Science，2011（1）：73-84.

[21] 张吉雄，缪协兴，茅献彪，等．建筑物下条带开采煤柱矸石置换开采的研究 [J]．岩石力学与工程学报，2007 (S1)：105-111.

[22] 张吉雄，缪协兴．煤矿矸石井下处理的研究 [J]．中国矿业大学学报，2006，35 (2)：197-200.

[23] 郭广礼，缪协兴，张吉雄．综合机械化固体充填采煤方法与技术研究 [J]．煤炭学报，2010，35 (1).

[24] Miao X X，Zhang J X，Feng M M. Waste-filling in fully-mechanized coal mining and its application [J]. International Journal of Mining Science and Te.，2008，18 (4)：479-482.

[25] J L，J Z，Y H. An investigation of surface deformation after fully mechanized，solid back fill mining [J]. Journal of Mining Science and Technology，2006，22 (4)：453-457.

[26] Guo G L，Zhu X J，Zha J F，et al. Subsidence prediction method based on equivalent mining height theory for solid backfilling mining [J]. Transactions of Nonferrous Metals Society of China，2014，24 (10)：3302-3308.

[27] C R. Twenty-five years of mine filling-developments and directions [R]，1998.

[28] Singh K B，Singh T N. Ground movements over longwall workings in the Kamptee coalfield，India [J]. Engineering Geology，1998，50 (1-2)：125-139.

[29] Yao X L，Whittaker B N，Reddish D J. Influence of overburden mass behavioural properties on subsidence limit characteristics [J]. Mining Science & Technology，1991，13 (2)：167-173.

[30] Singh R，Singh T N，Dhar B B. Coal pillar loading in shallow mining conditions [J]. International Journal of Rock Mechanics & Mini.，1996，33 (8)：757-768.

[31] 马恩荣，刘可任．水砂充填采矿法的应用与发展 [J]．化工矿山技术，1980 (4)：14-19.

[32] 黄庆安．水砂充填—尾砂胶结铺面充填工艺的实践 [J]．有色矿山，1983，26 (5)：24-29.

[33] 孙宝铮，海国沿，张春良．对水砂充填采煤方法几个问题的初步探讨 [J]．阜新矿业学院学报，1985 (1)：33-44.

[34] Leahy F J，Cowling R，矫春生．采场充填在芒特艾萨的发展 [J]．有色矿山，1981 (3)：24-31.

[35] 于润沧．料浆浓度对细砂胶结充填的影响 [J]．有色金属，1984 (2)：6-11.

[36] 胡家国，范平之．粉煤灰细砂胶结充填在新桥硫铁矿的应用 [J]．岳阳师范学院学报（自然科学版），2001 (4)：45-48.

[37] 王新民，胡家国，王泽群．粉煤灰细砂胶结充填应用技术的研究 [J]．矿业研究与开发，2001，21 (3)：4-6.

[38] Benzaazoua M，Fall M，Belem T. A contribution to understanding the hardening process of cemented pastefill [J]. Minerals Engineering，2004，17 (2)：141-152.

[39] Kesimal A，Yilmaz E，Ercikdi B. Evaluation of paste backfill mixtures consisting of sulphide-rich mill tailings and varying cement contents [J]. Cement & Concrete Research，2004，34 (10)：1817-1822.

[40] Fall M，Benzaazoua M，Ouellet S. Experimental characterization of the influence of tailings fineness and density on the quality of cemented paste backfill [J]. Minerals Engineering，2005，18 (18)：41-44.

[41] 胡炳南．我国煤矿充填开采技术及其发展趋势 [J]．煤炭科学技术，2012，40 (11)：1-5，18.

[42] 缪协兴，张吉雄．井下煤矸分离与综合机械化固体充填采煤技术 [J]．煤炭学报，2014，39 (8)：1424-1433.

[43] 张吉雄，缪协兴，张强，等．“采选抽充采”集成型煤与瓦斯绿色共采技术研究 [J]．煤炭学报，2016，41 (7)：1683-1693.

[44] 许家林，轩大洋，朱卫兵，等．部分充填采煤技术的研究与实践［J］．煤炭学报，2015，40（6）：1303-1312.

[45] 李兴尚，许家林，朱卫兵，等．从采充均衡论煤矿部分充填开采模式的选择［J］．辽宁工程技术大学学报（自然科学版），2008，27（2）：168-171.

[46] 张新国，刘伟韬，孙希奎，等．粉煤灰高水短壁部分充填技术研究与实践［J］．煤炭学报，2016，41（12）：3016-3023.

[47] 朱晓峻．带状充填开采岩层移动机理研究［D］．徐州：中国矿业大学，2016.

[48] 韦钊．采空区条带充填开采基础研究［D］．太原：太原理工大学，2014.

[49] 郑鑫，李家卓，韩伟，等．倾向条带矸石胶结充填开采技术研究及应用［J］．江西煤炭科技，2011，（3）：68-69.

[50] 孙强，张吉雄，殷伟，等．长壁机械化掘巷充填采煤围岩结构稳定性及运移规律［J］．煤炭学报，2017，42（2）：144-152.

[51] Yin W，Li M，Gao R，et al. Stability analysis of surrounding rock and pillar design in roadway backfill mining method ［J］. Transactions of the Institution of Mining and Metallurgy，Section A：Mining Technology，2017：1-8.

[52] 田锦州，徐乃忠，赵茂平，等．高水材料短壁机械化充填开采地表沉陷规律研究［J］．煤矿开采，2015（6）：76-79，18.

[53] 郭俊廷，戴华阳，李佳琦，等．"采-充-留"协调开采地表移动预测方法［J］．煤矿开采，2016，21（2）：45-48.

[54] 戴华阳，郭俊廷，阎跃观，等．"采-充-留"协调开采技术原理与应用［J］．煤炭学报，2014，39（8）：1602-1610.

[55] 缪协兴，黄艳利，巨峰，等．密实充填采煤的岩层移动理论研究［J］．中国矿业大学学报，2012，41（6）：863-867.

[56] 缪协兴，巨峰，黄艳利，等．充填采煤理论与技术的新进展及展望［J］．中国矿业大学学报，2015，44（3）：391-399.

[57] 查剑锋，吴兵，郭广礼．充填矸石级配特性及其压缩性质试验研究［J］．矿业快报，2008，24（12）：40-42.

[58] 徐俊明，张吉雄，黄艳利，等．充填综采矸石-粉煤灰压实变形特性试验研究及应用［J］．采矿与安全工程学报，2011，28（1）：158-162.

[59] 陈杰，杜计平，张卫松，等．矸石充填采煤覆岩移动的弹性地基梁模型分析［J］．中国矿业大学学报，2012，41（1）：14-19.

[60] 王文，李化敏，熊祖强，等．粒径级配对矸石压实变形特性影响研究［J］．地下空间与工程学报，2016，12（6）：1553-1558.

[61] 杨逾，王冰芬，郑志明．煤矿矸石充填材料压实耗能特性试验研究［J］．硅酸盐通报，2016，35（11）：3511-3516.

[62] 刘展．煤矿矸石压实力学特性及其在充填采煤中的应用［D］．徐州：中国矿业大学，2014.

[63] Deng X，Zhang J，Wit B，et al. Pressure Propagation Characteristics of Solid Waste Backfilling Material During Compaction and Its Applications In Situ ［J］. Geotechnical & Geological Engineering，2016，34（5）：1-12.

[64] 贾凯军．超高水材料袋式充填开采覆岩活动规律与控制研究［D］．徐州：中国矿业大学，2015.

[65] 冯锐敏．充填开采覆岩移动变形及矿压显现规律研究［D］．北京：中国矿业大学（北京），2013.

[66] 常庆粮．膏体充填控制覆岩变形与地表沉陷的理论研究与实践［D］．徐州：中国矿业大学，2009.

[67] 李剑．含水层下矸石充填采煤覆岩导水裂隙演化机理及控制研究［D］．徐州：中国矿业大

学，2013.
[68] 李猛，张吉雄，邓雪杰，等．含水层下固体充填保水开采方法与应用［J］．煤炭学报，2017(1)：127-133.
[69] 吴晓刚．固体充填材料力学特性研究及应用［D］．徐州：中国矿业大学，2014.
[70] 吴晓刚，刘康，葛帅帅，等．固体充填材料压实特性及应用［J］．煤矿安全，2016，47(8)：41-44.
[71] 张强，张吉雄，巨峰，等．固体充填采煤充实率设计与控制理论研究［J］．煤炭学报，2014，39(1)：67-74.
[72] 周楠．固体充填防治坚硬顶板动力灾害机理研究［D］．徐州：中国矿业大学，2014.
[73] 黄艳利．固体密实充填采煤的矿压控制理论与应用研究［D］．徐州：中国矿业大学，2012.
[74] 李猛，张吉雄，姜海强，等．固体密实充填采煤覆岩移动弹性地基薄板模型［J］．煤炭学报，2014，39(12)：2369-2373.
[75] 百富．固体密实充填回收房式煤柱围岩稳定性控制研究［D］．徐州：中国矿业大学，2016.
[76] 黄艳利，张吉雄，杜杰．综合机械化固体充填采煤的充填体时间相关特性研究［J］．中国矿业大学学报，2012，41(5)：697-701.
[77] 徐俊明，张吉雄，周楠，等．综合机械化固体充填采煤等价采高影响因素研究［J］．中国煤炭，2011，37(3)：66-68.
[78] B A，X M，J Z. Overlying strata movement of recovering standing pillars with solid backfilling by physical simulation [J]. International Journal of Mining Science and Technology，2016，26(2)：301-307.
[79] Zhang Q，Zhang J X，Han X L，et al. Theoretical research on mass ratio in solid backfill coal mining [J]. Environmental Earth Sciences，2016，75(7)：586.
[80] 张强，张吉雄，邰阳，等．充填采煤液压支架夯实离顶距影响因素研究［J］．中国矿业大学学报，2014，43(5)：757-764.
[81] 周跃进，张吉雄，聂守江，等．充填采煤液压支架受力分析与运动学仿真研究［J］．中国矿业大学学报，2012，41(3)：366-370.
[82] 其乐，周跃进．固体充填采煤超大跨度开切眼成巷及支架安装技术［J］．煤炭学报，2015，40(6)：1333-1338.
[83] 徐俊明，谭辅清，巨峰，等．六柱支撑式固体充填采煤液压支架结构及工作原理研究［J］．中国矿业，2011，20(4)：101-104.
[84] 缪协兴．综合机械化固体充填采煤矿压控制原理与支架受力分析［J］．中国矿业大学学报，2010，39(6)：795-801.
[85] 张吉雄，安百富，巨峰，等．充填采煤固体物料垂直投放颗粒运动规律影响因素研究［J］．采矿与安全工程学报，2012，29(3)：312-316.
[86] 巨峰，张吉雄，安百富．充填采煤固体物料垂直投料井施工工艺研究［J］．采矿与安全工程学报，2012，29(1)：38-43.
[87] 吴强，王思贵，张吉雄，等．固体充填材料保障系统研究与应用［J］．中国煤炭，2014，24(2)：13-15，125.
[88] 巨峰．固体充填采煤物料垂直输送技术开发与工程应用［D］．徐州：中国矿业大学，2012.
[89] 刘展，张吉雄，巨峰．固体充填采煤物料垂直投放缓冲装置振动和冲击分析［J］．采矿与安全工程学报，2014，31(2)：310-314.
[90] 巨峰，周楠，张强．煤矿固体充填物料垂直投放系统研究与应用［J］．煤炭科学技术，2012，40(11)：14-18.
[91] Liu Z，Zhou N，Zhang J. Random gravel model and particle flow based numerical biaxial test of

solid backfill materials [J]. International Journal of Mining Science and Techology, 2013, 23 (4): 463 - 467.

[92] Zhou N, Zhang J, An B, et al. Solid material motion law in vertical feeding system within fully mechanized coal mining and backfilling technology [J]. Environmental Engineering and Management Journal, 2015, 13 (1): 191 - 196.

[93] Q Z, Jx Z, T K, et al. Mining pressure monitoring and analysis in fully mechanized backfilling coal mining face - A case study in Zhai Zhen Coal Mine [J]. Journal of Central South University, 2015, 22 (5): 1965 - 1972.

[94] 马占国，范金泉，朱发浩，等. 矸石充填巷采等价采高模型探讨 [J]. 煤，2010，19 (8): 1 - 6.

[95] 张吉雄. 矸石直接充填综采岩层移动控制及其应用研究 [D]. 徐州：中国矿业大学，2008.

[96] 郭广礼，朱晓峻，查剑锋，等. 基于等价采高理论的固体充填采煤沉陷预计方法 [J]. 中国有色金属学报 (英文版)，2014，24 (10): 3302 - 3308.

[97] 李剑. 含水层下矸石充填采煤覆岩导水裂隙演化机理及控制研究 [D]. 徐州：中国矿业大学，2013.

[98] Zhang J, Li B, Zhou N, et al. Application of solid backfilling to reduce hard - roof caving and longwall coal face burst potential [J]. International Journal of Rock Mechanics &Mining Sciences, 2016, 88 (2016): 197 - 205.

[99] Zhou N, Han X, Zhang J, et al. Statistics of energy dissipation and stress relaxation in a crumpling network of randomly folded aluminum foils [J]. Physical Review E, 2016, 297 (2016): 220 - 228.

[100] 张强. 固体充填体与液压支架协同控顶机制理论研究 [D]. 徐州：中国矿业大学，2015.

[101] 陈绍杰，郭惟嘉，程国强，等. 深部条带煤柱蠕变支撑效应研究 [J]. 采矿与安全工程学报，2012，29 (1): 48 - 53.

[102] 陈绍杰，郭惟嘉，周辉，等. 条带煤柱膏体充填开采覆岩结构模型及运动规律 [J]. 煤炭学报，2011，36 (7): 1081 - 1086.

[103] 陈绍杰，周辉，郭惟嘉，等. 条带煤柱长期受力变形特征研究 [J]. 采矿与安全工程学报，2012，29 (3): 376 - 380.

[104] 张华兴，李效刚，刘德民. 利用宽条带实现全柱开采的方法 [J]. 煤矿开采，2002，7 (2): 16 - 18.

[105] 余伟健，王卫军. 矸石充填整体置换“三下”煤柱引起的岩层移动与二次稳定理论 [J]. 岩石力学与工程学报，2011，30 (1): 105 - 112.

[106] 张世雄，王福寿，胡建华，等. 充填体变形对建筑物影响的有限元极限分析 [J]. 武汉理工大学学报，2002，24 (5): 71 - 74.

[107] 郭忠平，黄万朋. 矸石倾斜条带充填体参数优化及其稳定性分析 [J]. 煤炭学报，2011，36 (2): 234 - 238.

[108] 查剑锋. 矸石充填开采沉陷控制基础问题研究 [D]. 徐州：中国矿业大学，2008.

[109] 瞿群迪，姚强岭，李学华，等. 充填开采控制地表沉陷的关键因素分析 [J]. 采矿与安全工程学报，2010，27 (4): 458 - 462.

[110] 瞿群迪，姚强岭，李学华. 充填开采控制地表沉陷的空隙量守恒理论及应用研究 [J]. 湖南科技大学学报 (自然科学版)，2010，25 (1): 8 - 12.

[111] 孟祥瑞，相桂生. 采煤工艺选择方法设计 [J]. 煤炭工程，1995 (6): 15 - 17.

[112] 霍丙杰. 复杂难采煤层评价方法与开采技术研究 [D]. 阜新：辽宁工程技术大学，2011.

[113] 陈杰，张卫松，李涛，等. 矸石充填普采面采煤充填工艺及矿压显现 [J]. 采矿与安全工程学

报，2010，27（2）：195-199.

[114] 于健浩．急倾斜煤层充填开采方法及其围岩移动机理研究［D］．北京：中国矿业大学（北京），2013：126.

[115] 侯昭君．井下采煤技术及采煤工艺的选择［J］．煤炭技术，2008，27（12）：65-67.

[116] 张开玉，吴国平．螺旋钻采煤工艺在韩桥煤矿的应用［J］．煤矿开采，2007，12（6）：33-34.

[117] 方新秋，何杰，郭敏江，等．煤矿无人工作面开采技术研究［J］．科技导报，2008，26（9）：56-61.

[118] 赵杰．目前我国采煤工艺技术现状及其研究［J］．山东煤炭科技，2010（1）：138-139.

[119] 徐勤玉，王涛，刘胜利．炮落、采煤机装煤工艺的应用［J］．煤炭工程，2007（6）：51-52.

[120] 卞卫忠．一次采全高短壁工作面采煤机及“割内放外”新型采煤工艺研究［J］．科技创新与应用，2013（28）：43-44.

[121] 徐钦标，姚尚元．综采面与炮采面联合开采的生产实践［J］．煤炭技术，2006，25（6）：64-65.

[122] 谢进明．浅析综放综采混合开采技术应用［J］．中国新技术新产品，2013（16）：106-107.

[123] 唐军华，杨计先．五阳矿综放综采混合开采实践［J］．煤炭科学技术，2005，33（11）：11-13.

[124] 侯永平．综放综采混合开采技术在煤矿开采中的应用［J］．煤，2006，15（2）：13-14.

[125] 刘昆，徐金海．综采综放混采工作面设备选型配套的研究与实践［J］，2010，21（5）：17-20.

[126] 杨计先．综采综放混合开采顶板控制技术［J］．机械管理开发，2006，14（3）：45-46.

[127] 李海潮．综采综放混合开采顶板控制技术探讨［J］．机械管理开发，2006（3）：45-46.

[128] 李迎业，胡亚林．综采-综放混合采煤工作面瓦斯治理研究［C］，2015：13-14.

[129] 孙凯，马占国，兰天，等．混合开采孤岛面围岩稳定性分析［J］．煤，2010，19（7）：1-5，16.

[130] 王启广，姜雪峰，王春兰，等．综采工作面设备的选型与配套原则探讨［J］．矿山机械，2009（17）：4-7.

[131] 徐天彬．特大型矿井超长综采面设备选型配套研究［J］．煤炭工程，2010（4）：2-4.

[132] 杜计平，孟宪锐．采矿学［M］．徐州：中国矿业大学出版社，2014.

[133] 康健，孙广义，董长吉．极近距离薄煤层同采工作面覆岩移动规律研究［J］．采矿与安全工程学报，2010，27（1）：51-56.

[134] 李树清，何学秋，李绍泉，等．煤层群双重卸压开采覆岩移动及裂隙动态演化的实验研究［J］．煤炭学报，2013，38（12）：2146-2152.

[135] 杨永康，康天合，兰毅，等．浅埋综放L工作面开采方法及其矿压实测研究［J］．岩石力学与工程学报，2011，30（2）：244-253.

[136] 李铀，白世伟，杨春和，等．矿山覆岩移动特征与安全开采深度［J］．岩土力学，2005，26（1）：27-32.

[137] 范钢伟，张东升，马立强．神东矿区浅埋煤层开采覆岩移动与裂隙分布特征［J］．中国矿业大学学报，2011，40（2）：196-201.

[138] 李春意，陈洁．覆岩移动静态预计模型的构建及实测研究［J］．中国煤炭，2012，38（5）：49-53.

[139] 杨宝贵，杨捷，王玉凯，等．充填开采上覆岩层移动变形研究［J］．西安科技大学学报，2015，35（6）：732-737.

[140] 钱鸣高，石平五，许家林．矿山压力与岩层控制［M］．徐州：中国矿业大学出版社，2003.

[141] 杨旭旭，靖洪文，陈坤福，等．深部原岩应力对巷道围岩破裂范围的影响规律研究［J］．采矿与安全工程学报，2013，30（4）：495-500.

[142] 谢广祥．采高对工作面及围岩应力壳的力学特征影响［J］．煤炭学报，2006，31（1）：6-10.

[143] 徐俊明，张吉雄，周楠，等．综合机械化固体充填采煤等价采高影响因素研究［J］．中国煤炭，

2011，37（3）：66-68.

[144] 李守国，吕进国，姜耀东，等．逆断层不同倾角对采场冲击地压的诱导分析［J］．采矿与安全工程学报，2014（6）：869-875.

[145] 康红普，司林坡．深部矿区煤岩体强度测试与分析［J］．岩石力学与工程学报，2009，28（7）：1312-1320.

[146] 尹光志，李小双，郭文兵．大倾角煤层工作面采场围岩矿压分布规律光弹性模量拟模型试验及现场实测研究［C］．2010：3336-3343.

[147] 宋选民，顾铁凤，闫志海．浅埋煤层大采高工作面长度增加对矿压显现的影响规律研究［J］．岩石力学与工程学报，2007（S2）：4007-4012.

[148] 杨敬虎，孙少龙，孔德中．高强度开采工作面矿压显现的面长和推进速度效应［J］．岩土力学，2015（S2）：333-339.

[149] 胡建华，习智琴，周科平．深部采空区尺寸效应的危险度正态云辨识模型［J］．中国安全科学学报，2016，26（10）：70-75.

[150] 侯玮，霍海鹰．"C"型覆岩空间结构采场岩层运动规律及动压致灾机理［J］．煤炭学报，2012，37（2）：269-274.

[151] 姜福兴，王同旭，汪华君，等．四面采空"孤岛"综放采场矿压控制的研究与实践［J］．岩土工程学报，2005，27（9）：1101-1104.

[152] 侯玮，姜福兴，王存文，等．三面采空综放采场"C"型覆岩空间结构及其矿压控制［J］．煤炭学报，2009，34（3）：310-314.

[153] 贺虎．煤矿覆岩空间结构演化与诱冲机制研究［D］．徐州：中国矿业大学，2012.

[154] 姜福兴，张兴民，杨淑华，等．长壁采场覆岩空间结构探讨［J］．岩石力学与工程学报，2006，25（5）：979-984.

[155] 李鸿昌．矿山压力的相似模拟试验［M］．徐州：中国矿业大学出版社，1988.

[156] Wang W，Cheng Y，Wang H，et al. Fracture failure analysis of hard - thick sandstone roof and its controlling effect on gas emission in underground ultra - thick coal extraction [J]. Engineering Failure Analysis，2015，54：150-162.

[157] 赵德深，王忠昶，张文泉．覆岩离层注浆充填效果的综合评价［J］．辽宁工程技术大学学报（自然科学版），2009，28（5）：766-769.

[158] 闫浩，张吉雄，张强，等．巨厚火成岩下采动覆岩应力场-裂隙场耦合演化机制［J］．煤炭学报，2016，41（9）：2173-2179.

[159] 王忠昶，张文泉，赵德深．离层注浆条件下覆岩变形破坏特征的连续探测［J］．岩土工程学报，2008，30（7）：1094-1098.

[160] 施龙青，辛恒奇，翟培合，等．大采深条件下导水裂隙带高度计算研究［J］．中国矿业大学学报，2012，41（1）：37-41.

[161] Feng S，Sun S，Yuguo L V，et al. Research on the Height of Water Flowing Fractured Zone of Fully Mechanized Caving Mining in Extra - thick Coal Seam [J]. Procedia Engineering，2011，26（26）：466-471.

[162] 高保彬．水体下采煤中导水裂隙带高度的探测与分析［J］．岩石力学与工程学报，2014（S1）：3384-3390.

[163] 弓培林，靳钟铭．大采高采场覆岩结构特征及运动规律研究［J］．煤炭学报，2004，29（1）：7-11.

[164] 弓培林，靳钟铭．大采高综采采场顶板控制力学模型研究［J］．岩石力学与工程学报，2008，27（1）：193-198.

[165] 王新丰，高明中．不规则采场应力分布特征的面长效应［J］．煤炭学报，2014，39（1）：

43 - 49.
[166] 屠洪盛，屠世浩，陈芳，等．基于薄板理论的急倾斜工作面顶板初次变形破断特征研究［J］．采矿与安全工程学报，2014，39（1）：49 - 54.
[167] 李佳伟．非均匀弹性地基薄板变形的半解析解及在沿空掘巷中的应用［D］．徐州：中国矿业大学，2016.
[168] 顾伟，张立亚，谭志祥，等．基于弹性薄板模型的开放式充填顶板稳定性研究［J］．采矿与安全工程学报，2013，30（6）：886 - 891.
[169] 李肖音，高峰，钟卫平．基于板模型的采场顶板破断机理分析［J］．采矿与安全工程学报，2008，25（2）：180 - 183.
[170] 徐芝纶．弹性力学简明教程［M］．3 版．北京：高等教育出版社，2002.
[171] 石铁君，范慕杰．薄板弯曲问题的一种半解析法［J］．河北工业大学学报（社会科学版），1997（4）：9 - 10.
[172] 王丽，赵玉明，龙志飞，等．基于面积坐标和解析试函数的薄板元［J］．计算机辅助工程，2014，23（3）：73 - 76.
[173] 姜雪洁，潘岳．简支矩形厚板振动中的解析法［J］．延边大学学报（自然科学版），2005，31（3）：208 - 212.
[174] 谢洪阳．弹性地基板动力问题的数值分析［D］．武汉：华中科技大学，2006.
[175] 尹小波．弹性地基上非线性弹性材料矩形薄板的弯曲［J］．中南大学学报（自然科学版），2001，32（4）：39 - 40.
[176] 刘宗民，梁立孚，宋海燕．弹性薄板大挠度问题两类变量的广义变分原理［J］．东北林业大学学报，2008，36（6）：68 - 72.
[177] 易春．Ritz 算法在薄板屈曲问题中的应用［J］．高等函授学报（自然科学版），2010，23（5）：26 - 27.
[178] 罗建辉，龙驭球，刘光栋．正交各向异性薄板理论的新正交关系及其变分原理［J］．中国科学 G 辑：物理学、力学、天文学，2005，35（1）：79 - 86.
[179] 钱伟长．对合变换和薄板弯曲问题的多变量变分原理［J］．应用数学和力学，1985，6（1）：25 - 40.
[180] 曲庆璋，梁兴复．弹性地基上自由矩形板的非线性动静态分析［J］．工程力学，1996，13（3）：40 - 46.
[181] 王伟，姚林泉．改进的无单元 Galerkin 法分析薄板小挠度弯曲［J］．江苏第二师范学院学报，2015（9）：1 - 4.
[182] 黄真珅．广义文克尔地基上四边自由矩形薄板弯曲问题的 Galerkin 解［D］．西安：西安建筑科技大学，2014.
[183] 袁玉全，彭建设．矩形薄板线性弯曲挠度的微分求积法研究［J］．四川理工学院学报（自然科学版），2007，20（1）：99 - 103.
[184] 王春玲，高典，刘俊卿．横观各向同性弹性半空间地基上四边自由各向异性矩形薄板弯曲解析解［J］．力学季刊，2015（1）：95 - 104.
[185] Sun Q，Zhang J，Zhang Q，et al. A protective seam with nearly whole rock mining technology for controlling coal and gas outburst hazards：a case study［J］. Natural Hazards，2016，84（3）：1793 - 1806.